AF231813

Université d'Aix-Marseille. — Faculté de Droit d'Aix

ÉTUDE

SUR LA

CRISE AGRICOLE

THÈSE POUR LE DOCTORAT EN DROIT

(SCIENCES POLITIQUES ET ÉCONOMIQUES)

PAR

Victor REBOUL

RECEVEUR DE L'ENREGISTREMENT ET DES DOMAINES, A TRÈVES (GARD)

PARIS

LIBRAIRIE NOUVELLE DE DROIT ET DE JURISPRUDENCE

ARTHUR ROUSSEAU, ÉDITEUR

14, RUE SOUFFLOT ET RUE TOULLIER, 13

—

1898

THÈSE

POUR LE DOCTORAT ÈS-SCIENCES

POLITIQUES ET ÉCONOMIQUES

ÉTUDE

SUR LA

CRISE AGRICOLE

THÈSE POUR LE DOCTORAT EN DROIT

(SCIENCES POLITIQUES ET ÉCONOMIQUES)

PAR

Victor REBOUL

RECEVEUR DE L'ENREGISTREMENT ET DES DOMAINES, A TRÈVES (GARD)

PARIS

LIBRAIRIE NOUVELLE DE DROIT ET DE JURISPRUDENCE

ARTHUR ROUSSEAU, ÉDITEUR

14, RUE SOUFFLOT ET RUE TOULLIER, 13

1898

A MON PÈRE

A MA MÈRE

ÉTUDE
SUR LA
CRISE AGRICOLE

INTRODUCTION

L'ÉVOLUTION ÉCONOMIQUE ET LES CRISES AGRICOLES

Au point de vue agricole, la France présente trois caractères : la variété, l'intensité et l'importance des cultures qui ont longtemps contribué à la placer à la tête des nations rurales. L'industrie agricole y constitue encore aujourd'hui, malgré l'extrême développement des autres branches de la production nationale, la source de richesses par excellence. La moitié de la population y collabore directement dans plus de 5.700.000 exploitations (1) et, tout entière, elle ressent douloureusement les moindres perturbations apportées dans son fonctionnement. Sully l'a dit d'une façon pittoresque « le labourage et le pastourage, voilà les deux mamelles dont la France est alimentée, les vrayes mines et trésors du Pérou. »

Plus que jamais, l'agriculture doit donc tenir la pre-

(1) Enquête décennale de 1892.

mière place dans les préoccupations des économistes et de tous ceux qui s'intéressent aux progrès de la science sociale, au bien-être d'un pays. Cela explique avec quel intérêt jaloux les partis politiques eux-mêmes s'efforcent de rechercher les causes du malaise général dont souffre actuellement cette branche de l'activité humaine, et quelle importance ils attachent à faire prévaloir les remèdes qu'ils proposent.

Le caractère de polémique donné à ces discussions, leur enlève toutefois une partie de la précision scientifique qui doit caractériser les études de ce genre, en troublant la netteté des éléments du problème que l'on cherche à éclaircir; ce danger est d'autant plus grand, que, jusqu'à ces dernières années, l'étude de la situation économique de l'agriculture a paru quelque peu négligée par la science française, et n'a fait le plus souvent l'objet que d'examens superficiels.

Il en est résulté, en premier lieu, une certaine hésitation chez quiconque aborde cet ordre de travaux : cette hésitation tient à l'insuffisance de la terminologie, à l'imprécision des définitions. Par exemple, si on cherche à déterminer dans quelle branche des sciences positives rentre l'étude de ces questions, on répond généralement: dans l'économie rurale.

« L'économie rurale, dit M. Passy (1), est l'ensemble des procédés, des systèmes que l'homme applique à l'exploitation de la terre et à la reproduction des animaux et des végétaux ». Quand on parle de l'économie rurale d'un pays, on doit viser les conditions dans lesquelles se présente l'œuvre du travail agricole avec tous les détails de la pratique et tous les procédés d'exécution que l'homme met en mouvement pour répondre aux nécessi-

____

(1) Préface de l'*Économie politique rurale*, de Roscher, passim.

tés de l'exploitation que lui impose la nature des choses. Ainsi, visant l'économiste Roscher qui, dans son
« Traité », donnait des détails sur l'organisation des bou-
cheries, l'utilisation du lait, la fabrication du fromage,
il se demande si ces renseignements sont à leur place
dans un traité d'économie *politique* rurale. Oui, ajoute-
t-il, si l'économie politique est tout et dans tout.

Il y a une part de vérité dans cette boutade, quoique
en semble penser l'éminent économiste; l'économie politique n'est pas tout, mais elle est dans tout. On tend
de nos jours à réagir, dans une certaine mesure, contre
les classifications en groupes trop distincts des différentes sciences, surtout des sciences politiques et économiques. Il est peu d'aspects de la vie industrielle dont
l'examen ne présente un intérêt quelconque pour l'économiste: son rôle est de recueillir, par l'observation, les
règles générales auxquelles sont soumis les intérêts,
c'est-à-dire la circulation, la distribution des richesses.
Sa mission consiste: 1° à étudier et décrire, afin de
pouvoir découvrir et poser les lois dont il s'agit, les
phénomènes de production, distribution, consommation
des richesses, en se tenant aux caractères les plus généraux de ces phénomènes *sans entrer*, par exemple, dans
le détail des points techniques des diverses productions;
2° signaler dans les institutions, les mœurs, les tendances des populations, *tout* ce qui est de nature à exercer
sur ces phénomènes, une influence considérable, à servir
ou à nuire à la fécondité de la production, à l'équité
de la répartition, aux sages et prévoyantes directions
de la consommation (1).

Il ressort de ces définitions, quelque peu contradictoires, que, pour accomplir consciencieusement sa tâche,

____

(1) A. Clément. *Essai sur la Science sociale* 1867, I. p. 6.

l'observateur doit noter, à titre d'indices, les particularités souvent minutieuses de pratiques techniques, dont
la réunion peut l'aider à formuler une loi générale, à
dégager « un de ces grands courants auxquels la plupart
des phénomènes de la vie agricole peuvent être attachés. »

Le rôle d'agronome et celui d'économiste sont bien loin
d'être incompatibles : ce qui serait la conclusion d'une
division trop nette entre l'économie rurale et l'économie
politique rurale, en même temps que l'abandon d'un
des procédés les plus féconds de la méthode moderne
qui consiste à prendre à une science ses conclusions
pour les appliquer ailleurs.

Nous n'hésiterons donc pas à faire à la science agrono-
mique, les emprunts indispensables pour analyser les éléments que mettent en présence les crises agricoles, étudier leurs causes générales et spéciales dans leurs rapports avec l'évolution générale du monde, en nous effor-
çant de déduire de cet exposé, les améliorations qui
permettraient au travail et au capital employés sur le sol,
d'être plus productifs dans l'intérêt du *bien-être* des agriculteurs et de la société.

PREMIÈRE PARTIE

LES MANIFESTATIONS DE LA CRISE

CHAPITRE I

DES FACTEURS DE L'ÉVOLUTION EN ÉCONOMIE RURALE

§ 1. — Caractères de l'Industrie agricole

L'agriculture est l'industrie de la subsistance par excellence; elle fut, pour cette raison, dès l'origine de l'humanité, l'industrie principale. Les Indous, les Grecs et les Romains faisaient intervenir les divinités dans les travaux champêtres et divinisaient même les humains auxquels ils attribuaient l'introduction de cultures nouvelles ou de procédés perfectionnés.

De nos jours encore, les Kabyles d'Algérie se considèrent comme voués par leur religion aux travaux agricoles: ceux d'entre eux qui se livrent au commerce, le font par nécessité, pour compenser l'insuffisance de leur sol au point de vue de la production. Chez eux, la charrue est un objet sacré : ceux qui fabriquent les instruments aratoires sont entourés de l'estime et de la considération de leurs concitoyens. Le jour où commencent les labours est un jour de fête publique, c'est une véritable solennité agricole marquée par des cérémonies religieuses, des pratiques dévotes et des distributions aux ouvriers, aux laboureurs et, en général, à tous les pauvres du village.

Jusqu'au commencement de ce siècle, la propriété rurale était la propriété proprement dite, la seule à laquelle on attribuait de l'importance au point de vue social et même au point de vue civil; notre Code en est la preuve évidente. Elle présentait de grands avantages, les frais d'entretien étaient minimes, la réalisation des produits toujours assurée ; de plus, des privilèges sociaux considérables y étaient attachés. Cette tranquillité, cette quiétude s'opposait à tout progrès, laissait une part trop grande à l'automatisme de la nature, dont les défaillances se faisaient parfois durement sentir sous forme de disette presque complète.

Il fallut le développement de la classe de consommateurs nouveaux, sortie d'elle-même, que lui amenaient les perfectionnements immenses de l'industrie, au commencement de ce siècle, puis la création de moyens de transport très rapides, et enfin l'intervention sur le marché enropéen, des produits américains et indiens pour faire sortir de sa torpeur l'agriculture de l'ancien continent : ce fut seulement alors qu'on se mit à examiner plus attentivement la situation du monde, et à lutter contre cet automatisme, cette routine qui étaient la caractéristique des populations des campagnes.

On chercha également à classer d'une façon précise les différents facteurs de cette production, afin d'y faire pénétrer méthodiquement le progrès, sans courir le risque de gaspiller le travail de l'homme et celui de la nature.

C'est de la mise en activité rationnelle de ces deux éléments que dépend en effet le succès. Ce succès n'est malheureusement jamais continu, car ce serait là un état de perfection auquel on doit tendre, dit-on, sans y prétendre. Ce sont ces défaillances que nous nous efforcerons d'analyser, mais avant d'aborder cette partie de notre travail, nous devons exposer brièvement sous quelles formes actives ou passives se manifesteront, à nos yeux, ces deux forces, déterminer leur but et leurs moyens.

§ 2. — Élément réel.

C'est de la terre qu'émane tout produit ; quand on énonce cette phrase, si simple et si frappante qu'elle a servi de maxime à des écoles pourtant bien contradictoires, on ne se représente que vaguement la complexité des faits qu'embrasse même la manifestation la plus simple de cette émanation : la *production agricole*.

Pour déterminer plus clairement le rôle de cet élément, il faut envisager la terre, soit au point de vue physique et naturel, abstraction faite de l'existence de l'homme, soit au point de vue civil et économique.

Dans le premier ordre d'idées, les terres doivent être classées d'après leur force productive spontanée, c'est-à-dire d'après leur rendement naturel, si elles étaient livrées à elles-mêmes ; ce classement permet de mesurer d'une façon exacte, l'influence d'autres facteurs qui contribuent, eux aussi, à créer de nouvelles subdivisions, notamment :

1° Le climat ;

2° Les forces motrices naturelles et principalement les moyens de transport naturels, qui constituent des dons gratuits, essentiellement variables ;

3° Enfin l'intervention de l'activité humaine.

Le climat, état particulier de l'atmosphère spécial à une région, exerce surtout son influence sur les êtres animés ; cela seul laisse entendre l'importance de son rôle dans l'industrie agricole. Il est à remarquer qu'un climat rigoureux ou malsain règne ordinairement dans les régions dont la fertilité naturelle est la plus grande : la colonie française de Madagascar (1) en est un exemple ; les côtes de cette

(1) Voir *Journal officiel*, 25 octobre 1897, page 5963.

île, renommées comme une des contrées les plus malsaines de l'univers, sont en même temps la région la plus riche, alors que les pays du centre, avec un travail triple, donnent un rendement moindre.

Les forces motrices naturelles facilitent gratuitement la manutention première des produits en diminuant le prix de revient, ce sont principalement les chutes d'eau, le vent, les rivières navigables, les routes, c'est-à-dire les pistes terrestres naturelles d'un accès facile. Ces moyens de transport peu coûteux, sont particulièrement importants, ainsi que le démontrent deux lois essentielles de l'économie rurale, connues sous le nom de leurs auteurs.

D'après *Liébig*, plus le lieu de débit pour les produits agricoles est éloigné, plus la restitution au sol des matières d'engrais qu'ils renferment, et commandée par des raisons de statique, est difficile. Or, cet éloignement ne consiste pas seulement dans la distance métrique qui est fixe, il faut tenir compte de la difficulté du chemin qui est variable, et il est évident qu'une voie naturelle, à distance égale, facilitera d'une façon efficace la restitution demandée par Liébig.

Thuenen, pour poser les lois d'économie normale d'un pays. le suppose concentrique, avec un marché au centre. Par suite des frais de transport, le prix de vente de l'agriculteur « le bénéfice » diminue à mesure que l'on s'éloigne de la ville-marché. Là, où l'on arrivera à 0, la production est impossible. Or, il est évident qu'une région favorisée de voies rapides et à bon marché, pourra reculer extrêmement cette zône négative, qui, théoriquement, devrait se contenter de pourvoir à sa subsistance.

C'est contre le côté défavorable de ces éléments que l'agriculteur doit soutenir une lutte continuelle. Le climat malsain est combattu grâce à l'application de règles d'hygiène sévères pour l'homme et les animaux, et d'un

autre côté, par l'application d'un régime complexe, auquel
est soumise la terre elle-même : cultures fébrifuges de
l'eucalyptus globulus (en Algérie), irrigations et drainages
réguliers (Dombes françaises), dessèchement de marais,
ainsi qu'en ont donné un si bel exemple les trappistes
de la banlieue d'Alger et les riverains de l'étang de Berre
(dessèchement de Courtine et du Pourra).

L'absence de moyens de communication est un défaut
auquel le colon s'efforce de remédier avant même de s'oc-
cuper du climat ; c'est là souvent d'ailleurs la cause de la
ruine de beaucoup d'entreprises coloniales actuelles,
résultats que, certainement, ont dû également éprouver jadis
les premiers agriculteurs qui ont défriché les portions
les plus fertiles et les plus saines de la France actuelle.

C'est également à la situation d'une région à ces différents points de vue, que doivent toujours être ratta-
chées les causes de la forme qu'y revêt l'activité humaine
dans ses rapports avec l'élément réel. Un climat rude,
des difficultés de communication, un sol peu fertile, entraînent la formation de grands domaines ; une terre
fertile, bien arrosée, amène au contraire, la création de
nombreuses petites propriétés.

Nous avons eu l'occasion d'étudier spécialement cet ensemble de phénomènes dans une région de la France qui
offre le caractère assez rare de présenter, dans un espace
limité, ces divers aspects exempts de toute influence exté-
rieure.

Le canton de Trèves (Gard), au pied du Mont-Aigoual,
chevauche en effet sur le bassin de l'Atlantique et celui
de la Méditerranée. Les routes naturelles n'y ont pas
de direction bien précise, les routes artificielles laissent
également à désirer, leur réseau étant inachevé ; si ce
canton ne se trouve pas dans la zône extrême dont parle
Thuenen, il en est donc très proche.

Le plateau du Causse-Noir, à une altitude moyenne
de 1,000 mètres, y réunit les conditions qui amènent la
formation de grandes exploitations présentant un caractère industriel quant au mode de production et d'écoule-
ment des produits; on en compte plusieurs de 100 à 500
hectares (commune de Lanuéjols: Marquis de P... (fermier), M... (exploitation directe). La petite vallée du Trévezel, au contraire, d'une altitude de 400 à 500 mètres,
bien arrosée, d'un climat plutôt méditerranéen pendant
une partie de l'année, n'offre que de très petites exploitations, très soignées, mais formant en quelque sorte de
purs champs d'entretien, leurs propriétaires ne se livrant
qu'à contre cœur, même entre eux, dans la région, à des
échanges ou à des ventes de produits.

§ 3. — Élément personnel

L'élément naturel joue donc un rôle prépondérant en
matière agricole : c'est même dans cette industrie que son influence se fait le plus directement sentir ; le manufacturier peut faciliter sa production en abritant ses ouvriers
et ses machines dans de vastes bâtiments ; il peut facilement substituer aux forces naturelles, la force artificielle
de moteurs perfectionnés ; certains risques même sont
moindres pour lui, grâce à la surveillance facile et efficace
qu'il peut exercer. En face de ces circonstances défavorables, on comprend quelle dépense de force et d'intelligence doit faire le cultivateur.

Il faut remarquer cependant que la lutte continuelle,
la vie de combat permanent, dont nous avons parlé jusqu'ici, n'est pas l'existence ordinaire des travailleurs modernes des pays civilisés; elle est le partage d'une caté-

gorie d'hommes spéciaux, énergiques par nature ou par nécessité; c'est la vie des colons qui tendent à réaliser dans des pays neufs, vierges de tout travail de l'homme et pendant la durée d'une existence humaine, l'évolution que les pays métropolitains ont mis plusieurs siècles à accomplir. Ils constituent une des forces agissantes de l'humanité, poussée par des mobiles très divers, il est vrai, mais une force irrésistible qui, depuis un siècle, a modifié profondément le régime économique du monde entier.

Pour ces colons, l'étude des siècles passés, des méthodes successivement utilisées pour la culture, présente un intérêt capital; par suite de la rapidité des transformations opérées dans les pays qu'ils adoptent, ils sont exposés à la fois aux périls inhérents aux anciens organismes normaux et aux dangers spéciaux de toute entreprise hâtive; les erreurs économiques ont, pour les colonies, des conséquences beaucoup plus désastreuses que dans les pays anciens, car la force morale de l'homme y est souvent déprimée par l'effort exagéré qu'il a dû produire sous un climat débilitant.

La plus grande partie de l'élément personnel revêt un tout autre aspect dans la production agricole de l'ancien continent civilisé, et diffère aussi bien du colon dont nous venons de parler que des autres travailleurs qui l'environnent.

Par suite de la nature de leur travail qui exige la production soutenue d'un effort considérable, dont ils doivent attendre avec patience le résultat, souvent lointain, les « paysans » que nous appellerons mieux: les *profession-nels-nés*, ignorent l'inquiète surexcitation du producteur en manufacture qui voit les produits, bien indirects parfois, de son activité, arriver à maturité avec une vitesse vertigineuse et mis en consommation presque aussitôt; son esprit subit l'influence fébrile du milieu dans lequel il vit et l'invite à exiger qu'on apporte la même rapidité à satisfaire ses désirs.

Le paysan, agent direct d'une production dont il dirige toutes les parties, devrait avoir une notion générale plus exacte de son rôle économique : il se rend bien compte quelquefois de phénomènes auxquels il reste étranger, mais qui influent sur le plus ou moins grand profit qu'il pourra tirer de son travail : par exemple, que la disparition partielle, par suite d'accidents météorologiques, de la récolte d'une région voisine, lui permettra d'obtenir un prix plus élevé lors de la vente de la sienne ; mais il n'en est pas de même en ce qui concerne la conscience du rôle que peut jouer l'élément personnel qu'il représente, soit grâce à l'association, soit individuellement.

Sa lenteur à entrer dans la voie des améliorations, qui en est la conséquence, est sans doute une émanation de cet esprit patient que la nature met chaque jour à l'épreuve ; ce peut être aussi, et nous l'avons noté plusieurs fois, le résultat d'expériences hâtives et malheureuses, auxquelles il a assisté et dont il a quelquefois été victime : c'est là une cause plus fréquente qu'on le suppose ordinairement, du maintien de pratiques routinières. Aussi, a-t-on dit que cette routine était une assurance contre certains risques, contre certaines crises provenant de transformations trop rapides du régime des terres. Cela a pu être exact jadis sur le théâtre restreint de l'ancien continent, mais on peut difficilement discuter que ce ne soit aujourd'hui plutôt une cause d'infériorité manifeste vis-à-vis de cette classe spéciale d'agriculteurs progressistes que forment les colons. Poussé par la concurrence des pays neufs exploités dans des conditions très favorables à la *production en grand*, l'ancien paysan doit, de nos jours, se transformer lui aussi en *colon*; il doit, pour ainsi dire, coloniser à nouveau le vieux sol qu'il croyait aménagé à tout jamais, en se contentant d'observer les pratiques de ses ancêtres. C'est pour lui une question vitale et nous ajouterons qu'il lui faut des connaissances supérieures à celles du colon le plus entreprenant, car il est souvent plus difficile de reprendre par la base un édifice chancelant que d'en construire un neuf.

La vulgarisation de cette instruction spéciale, la formation de *professionnels réguliers*, se heurte à de grandes difficultés ; de tous les industriels, les agriculteurs sont ceux qui ont le plus besoin de réunir les connaissances les plus nombreuses et les plus variées, de combiner le plus d'idées et de notions dans l'emploi de leurs facultés productives. Or, matériellement, l'organisation de cet enseignement sur des bases pratiques et fructueuses, présente de très grandes difficultés, tenant à la fois à cette multiplicité de notions à exposer, et au peu de temps que peut généralement consacrer l'agriculteur adulte à un travail de ce genre.

Dans la société moderne, l'industriel agricole se trouve tel par héritage ou par acquisition : de son origine dépend souvent le sort de son exploitation. Le premier aura l'avantage d'une connaissance plus grande du sol qu'il est appelé à cultiver : c'est généralement un paysan de race ; mais à côté de cet avantage, c'est chez lui qu'on trouvera cet esprit de résistance au progrès rapide, où il se trouve lancé malgré lui par la concurrence des colons, cette troisième catégorie de producteurs, qui, eux, deviennent propriétaires le plus souvent par occupation·

Parmi les acquéreurs d'exploitations, il est essentiel de faire une distinction entre les hommes de métier : ouvriers agricoles, métayers ou fermiers qui montent d'un degré dans la hiérarchie rurale, et les *agriculteurs amateurs*.

Ces derniers sont très nombreux: ce sont des personnes poussées par un des trois sentiments que Roscher a déterminés nettement et qui tiennent, soit à : 1° une vie politique inculte, sans commerce ni industrie, par exemple les peuples de l'Orient, où l'économie rurale est une fonction nécessaire de la vie sociale, alors que l'économie des villes y est considérée comme le superflu; 2° soit en second lieu à une pensée politique de l'aristocratie qui, comprenant bien le rôle réciproque que peuvent exercer sur son influence, ou même sur son existence, l'industrie manufacturière et l'industrie agricole, tend, pour cette raison, à maintenir et à rétablir la prépondérance de cette dernière; 3° enfin aux aspirations idylliques de l'habitant des grandes villes, excédé de travail, surexcité et blasé par le raffinement de la jouissance, à la simplicité et au calme de la vie champêtre souvent trop idéalisée faute de la connaissance de cette vie *dans les détails.*

L'agriculture trouve en eux une catégorie de recrues bien défectueuses, car, la plupart du temps, elles manquent de l'instruction économique et même technique indispensable pour réussir. Un fait fréquent est celui d'officiers et de fonctionnaires, abandonnant leur carrière pour se livrer à l'agriculture, où ils espèrent trouver plus de liberté et plus de profit. Ceux qui exploitent des biens patrimoniaux ont des chances de ne pas échouer aussitôt, par suite, en quelque sorte, de la force acquise par l'exploitation, ce qui leur donne le temps d'obtenir une faible expérience et de subsister médiocrement.

Il n'en est pas de même de celui qui aspire à fonder de toutes pièces une exploitation. L'achat seul de l'immeuble le grève dès le début et absorbe souvent le numéraire, sinon le crédit disponible, au moment où il lui faut un fonds de roulement beaucoup plus considérable qu'aux professionnels-nés qui travaillent eux-mêmes et leur famille, ou font travailler à meilleur prix, alors que le nouveau venu, en butte aux exigences des natifs, tend à conserver un rôle de pure surveillance.

Des exemples lamentables de pareils échecs abondent en France ; M. Blondel, au cours de son enquête sur les populations rurales de l'Allemagne et la crise agraire dans ce pays, nous montre que ce phénomène présente un caractère de généralité, résultat, il faut le répéter, d'une fausse éducation économique ou même d'absence de toute notion de ce genre.

De ces trois catégories : *professionnels-nés, professionnels-réguliers* et *amateurs,* il est indiscutable que les professionnels-nés, devenus professionnels-réguliers, présentent les plus grandes chances de succès, mais forment encore, à l'heure actuelle, dans nos pays, une minorité : eux seuls seront à même d'*activer artificiellement* la production : rôle accélérateur essentiel que l'on néglige souvent d'envisager, quand on s'occupe des classes rurales ; les populations des villes sont trop disposées à les considérer comme devant vivre de la vie primitive très frugale, elles le reconnaissent, mais n'exigeant pas la même activité que les industries auxquelles elles se livrent dans les manufactures, c'est là une profonde erreur.

On peut facilement mesurer la force déployée dans un canton donné, en sachant qu'une lieue carrée d'un sol fertile est nécessaire pour nourrir un habitant avec ses seuls produits naturels ; à ce compte, on voit l'étendue qu'atteindraient les sociétés et la faible population que pourrait nourrir la France, par exemple, qui possède environ 33,000 lieues carrées.

Le progrès réalisé aujourd'hui est, pour la plus grande partie, le résultat du travail du professionnel-né. Mais on a calculé que si le même pays était cultivé d'après les règles de l'économie rurale théorique, c'est-à-dire uniquement par des professionnels réguliers (1), il pourrait nourrir 100 millions d'habitants.

---

(1) La production du blé en France était, en 1830, de 67 millions d'hectolitres. Elle atteint aujourd'hui en moyenne 100 millions d'hectolitres. D. Zolla. *La question du blé.*

Ces variations énormes, en face de ressources premières identiques, montrent le rôle considérable que joue la qualité de l'élément personnel en agriculture.

La réunion, à un degré plus ou moins élevé de ces qualités professionnelles : pratiques données par l'évolution, théoriques données par l'instruction, constitue pour le paysan un premier capital, capital incorporel dont l'usage est de tous instants ; mais il ne suffit pas. En face de la nature, livré à lui-même, on s'imagine quelle misérable existence fut la sienne, la nécessité l'a conduit à l'invention des outils décuplant, centuplant parfois le résultat de ses efforts ; ces outils ont été peu à peu modifiés, perfectionnés et sont devenus des machines ; ces améliorations se sont manifestées également sous forme d'aménagement, d'amendement de la terre présentant un caractère permanent.

Mais ce travail considérable, l'agriculteur ne peut l'accomplir seul que bien rarement, il doit conserver auprès de lui les membres de sa famille, de plus, il tend, par la force, à acquérir des collaborateurs, il a des esclaves, puis des serviteurs libres, individus sans foyer : les hommes séparés dont parle Summermain, qui louent leurs services moyennant leur simple subsistance. Sa prévoyance, d'ailleurs intéressée, s'étend en même temps ; il doit assurer la vie matérielle de ses travailleurs ; dans ce but, il a créé des approvisionnements : seconde forme de capital.

L'usage du troc a pris naissance dans l'industrie agricole : c'est également chez elle qu'il s'est maintenu le plus longtemps ; nous en avons vu un premier exemple : travail contre vivres. D'autre part, l'excédent d'approvisionnements est échangé contre des matières premières ou destinées à donner satisfaction à des *désirs* nouveaux qui sont des *besoins* naissants ; il y a un second troc entre l'intermédiaire et l'agriculteur. Or, cet intermédiaire a plusieurs centres d'approvisionnements, très dispersés souvent, de même que les consommateurs qu'il est appelé à satisfaire ; ce travail spécial exige des simplifications, évitant pour les règlements de compte le transport de marchandises encombrantes et de conservation difficile, il crée la monnaie.

Cette création, à laquelle le monde agricole, proprement dit, était resté étranger, devait exercer la plus grande influence sur son développement ultérieur et les crises qui l'accompagnèrent.

Peu à peu, le travailleur libre sollicita son salaire en argent, prétendant subvenir lui-même à tout ou partie de sa subsistance, espérant, au fond, réaliser un léger profit et encore, peut-être, poussé par le désir de goûter le plaisir de disposer de son gain à sa volonté ; de plus, ce salaire, il le voulut fixe, afin de le soustraire aux variations des récoltes : d'où une aggravation de charges pour le patron.

De nos jours, l'emploi de ce numéraire est d'un usage constant ; outre le salaire des ouvriers, le fermage, l'achat des outils, l'amortissement des dettes, l'acquittement des charges fiscales sont prélevés sous cette forme.

C'est cette infiltration de numéraire dans les campagnes qui, pour une grande part, a contribué à modifier la physionomie de l'industrie agricole. « Plus le numéraire » a dit Roscher, se substitue aux produits en nature dans » l'économie nationale, plus on voit en même temps la » rente foncière augmenter et l'agriculture prendre le ca- » ractère d'une industrie spéculative. » Le monde moderne est actuellement en pleine évolution dans ce sens ; nous aurons l'occasion d'insister sur ce point, dans une autre partie de cette étude. Nous pouvons toutefois remarquer, dès maintenant, que plus la production se présente dans des conditions défavorables, plus la quantité des espèces monétaires indispensables augmente ; une très mauvaise récolte exige, outre les frais ordinaires, l'achat

d'approvisionnements totaux ou partiels qu'on n'a pu constituer, et, en même temps, achat de semences. Or, ce numéraire, l'agriculteur éprouve les plus grandes difficultés
pour se le procurer ; car si les capitalistes risquent des
fonds énormes dans des entreprises industrielles, sans
autre garantie que les promesses brillantes de l'élément
personnel de l'affaire, ils ne consentent à avancer la
moindre somme aux cultivateurs, sans la constitution, nous
verrons combien onéreuse, d'un gage indiscutable sur
l'élément réel.

CHAPITRE II

RÔLE DES POPULATIONS AGRICOLES DANS LA LUTTE GÉNÉRALE POUR
LE BIEN-ÊTRE

§ 1.

Le bien-être de l'individu et de son émanation directe, la
famille, tel est le but unique des efforts développés par
l'homme, dans ses rapports avec la terre, pour augmenter
artificiellement la production.

Tous les problèmes qui prennent de nos jours la dénomi-
nation de questions sociales, si on les dégage de leur aspect
scientifique, souvent nébuleux, se rattachent à ce fait qu'il
existe une multitude d'êtres ne croyant pas jouir du bien-
être, des satisfactions auxquelles ils ont droit, alors que,
sous leurs yeux, d'autres êtres, détenteurs de la plus grande
partie de l'élément réel, se les procurent facilement.

Prenant pour point de départ ce dernier fait, d'ailleurs
indiscutable, des esprits, guidés par des sentiments très
divers, ont immédiatement élaboré des théories pour faire
disparaître un pareil état de choses. Ce qui prédomine chez
eux, c'est surtout une exagération du sentiment d'égalité,
mais de cette fausse égalité dont parle Cormenin et qui, pour
beaucoup, est simplement le droit de n'avoir personne au-
dessus de soi.

Ils oublient également d'examiner d'une façon suffisamment attentive, le point de départ de leurs propositions, le fait
précis qui a donné naissance à tout ce mouvement de

réforme : il y a des êtres qui jouissent de *bien-être*, d'autres qui en manquent. Avant de se demander comment il sera possible de contenter ces derniers, il est nécessaire de déterminer en quoi consiste le *bien-être normal*, celui auquel peuvent raisonnablement aspirer tous les êtres humains dans la société moderne.

Le bien-être normal est la situation d'un individu ayant sa vie végétative libre assurée dans le présent, conformément aux règles de l'hygiène du corps et de l'esprit et qui peut constituer, avec le produit d'un travail proportionnel à ses forces, un fonds de réserve pour l'avenir contre les risques éventuels de l'existence humaine.

C'est la satisfaction des besoins nécessaires et élémentaires, matériels et moraux, garantissant la perpétuité de l'espèce et son perfectionnement naturel automatique.

L'organisation actuelle du monde ne permet pas de formuler, pour l'ensemble de l'humanité, d'autre désir. Une nation composée d'une majorité d'individus dans cette situation, présenterait les caractères d'une prospérité enviable, et nous démontrerons que les populations rurales sont les moins éloignées de cette condition.

Mais la constitution du fonds d'assurance individuel d'approvisionnements, dont nous parlions plus haut, porte en lui le germe d'un grand défaut : tous les hommes ne sont pas appelés à en user également, aussi forme-t-il bientôt, chez ceux où il reste intact, une accumulation hors de proportion avec son but ; c'est un encouragement à des consommations superflues qui amènent le classement de ceux qui en profitent dans une caste privilégiée, objet de convoitise et de jalousie pour les moins favorisés.

Cette consommation superflue est souvent un progrès, mais c'est *un progrès en avance*, pour ainsi dire, qui vient rompre l'harmonie de l'évolution en se révélant à la société sous forme d'habitude, puis de besoin, au moment où l'en-

semble de la production ne permet qu'à un petit nombre d'y
goûter. Car tout est relatif..... Il est à remarquer que souvent
ceux qui exhalent les plaintes les plus violentes, ont entre les
mains les éléments d'une existence parfaitement heureuse,
si ce n'était le spectacle de ces gens plus habiles, plus travailleurs, ou même simplement plus favorisés du hasard.
Le développement de l'industrie manufacturière a considérablement accentué ce sentiment et a, en même temps, opéré
en quelque sorte une scission entre les agglomérations urbaines où la consommation immédiate de cet excédent de fonds
de réserve se traduit par l'étalage de satisfactions exagérées,
d'habitudes artificielles, et les campagnes, où le même excédent se consomme principalement en améliorations foncières
toujours nécessaires, mais rarement dans l'ostentation du
luxe brillant de la ville (1). Le paysan, dont l'existence est
plus naturelle, est aussi plus pénétré des caractères exacts
du phénomène de la *vie*, du rôle modeste qu'il est donné aux
êtres humains d'y jouer et ne s'en laisse pas détourner par
les nébuleuses et souvent très enfantines conceptions où
entraîne l'existence factice des villes.

Malheureusement, à ce point de vue, le développement
de communications commence à faire connaître aux paysans, qui ignoraient même leur existence, beaucoup des
besoins factices et superflus auxquels la création des succédanés leur permet aujourd'hui de se donner l'illusion
de goûter. Mais cette satisfaction, même illusoire, leur
coûte cher. Ceux qui ont un fonds de réserve abondant,
entraînés par le courant, se laissent tenter, et sont bientôt un objet d'envie pour leurs concitoyens, jadis indiffé-
rents à leur prospérité discrète.

(1) Il existe pourtant d'heureuses exceptions ; nous avons eu l'occasion
d'étudier personnellement une agglomération très importante : le Creuzot
(Saône-et-Loire), où une population de près de 15.000 ouvriers a conscience de jouir d'un bien-être normal enviable.

Ce mécontement est soigneusement entretenu et exploité par ceux qui tendent à arriver, par un mouvement d'ensemble, à une réforme de la société, car ils ont conscience qu'aucune réforme ne sera durable, si on ne fait pas disparaître dans une communauté de plaintes, sinon d'intérêts, la dualité que nous avons signalée entre l'agriculture et l'industrie manufacturière. Cette unification permettrait en effet de leur appliquer le même remède. C'est la tactique des écoles réformistes dites socialistes.

Leur but est d'assurer à la totalité de l'espèce humaine, la satisfaction des besoins nécessaires (bien-être normal), mais avec cette différence essentielle que le fonds d'assurance, source de tout le mal, n'existera plus, cette fonction étant réservée à l'être suprême : l'État.

Leur moyen : réquisitionner ce fonds de réserve et même les moyens de le produire, pour en attribuer la jouissance seule à tous les citoyens, c'est-à-dire enlever à tous ceux qui se procurent des jouissances superflues, le moyen de le faire, en versant cet excédent dans la masse générale, pour augmenter la somme des jouissances possibles *pour tous*.

Mais, à côté de ce remède absolu qui consiste à guérir les inconvénients de l'évolution en lui faisant parcourir brusquement plusieurs degrés dans sa direction *probable*, pour l'y fossiliser définitivement, d'autres économistes, émus eux aussi de la fréquence des accidents de la production et de leur douloureuse répercussion sur les sociétés modernes, ont combattu énergiquement cette solution pour en chercher ailleurs le remède. A la différence du socialisme qui voudrait appliquer le même régime à la nation tout entière, à la nation complexe, comme l'entend le docteur Listz, l'individualisme ne vise qu'à des solutions distinctes pour chaque espèce de production. Prenant, en effet, successivement ces derniers acccidents

et les montrant sous leur véritable jour, il a conclu que
ce n'était pas le régime général, c'est-à-dire le droit de
propriété individuelle qui leur donnait naissance, mais
des causes multiples demandant chacune un traitement
spécial.

§ 2. — Mode absolu : collectivisme agraire.

Le caractère particulier des doctrines socialistes est de
ne pas s'attarder à l'étude des remèdes de détail. Cons-
tatant, d'une façon souvent très éloquente, que l'ensemble
des peuples modernes est en proie à un malaise général,
résultat d'accidents économiques répétés, se traduisant
par une diminution de bien-être pour les travailleurs,
et d'autre part, que ces peuples sont tous sous le régime
de la propriété individuelle, elles en ont tiré un rapport
de cause à effet et formulé, sous un aspect scientifique, des théories très ondoyantes, surtout pour ce qui a
trait à la vie agricole.

Ce droit de propriété individuelle, source de tout le
mal, une première doctrine ; le communisme intégral, s'atta-
quant à sa légitimité, le fait disparaître tout entier. Dans
l'application, il consiste dans la mise en commun et
l'exploitation commune de tous les biens tant meubles
qu'immeubles, pour, les produits en être distribués à
chacun selon ses besoins. C'est là le point délicat, le
point faible qui devait amener la désagrégation de cette
théorie. On peut, à la rigueur, comprendre la propriété et
l'exploitation communes de biens quelconques, mais quand
on arrive au sort du produit obtenu, il y a nécessairement partage et qui dit partage, dit propriété personnelle
indépendante : « la consommation, en effet, ne peut pas se

» concevoir commune (1), il y aura toujours appropria-
» tion individuelle de ce qui, d'une manière ou d'une autre,
» sera employé par chaque individu à la satisfaction de
» ses propres besoins » (2).

Aussi le socialisme, au sens vulgaire du mot, a-t-il vite renoncé à ce premier mode de réforme du régime de l'élément réel de la production, le seul pourtant qui puisse faire l'objet d'une discussion scientifique et s'accorde avec la logique. L'impossibilité de son application à l'industrie agricole ou plutôt le mouvement de réprobation instinctif qu'il rencontrait chez les populations rurales, ne fut pas étranger aux atténuations que devait apporter, peu à peu, cette doctrine à son programme primitif.

Puisque, rationnellement, on ne pouvait concevoir le communisme des objets de consommation, on admit la légitimité de leur propriété : il n'y aurait plus de communs que les instruments de production. Cette formule s'adaptait très facilement à l'industrie manufacturière : l'outillage complet y est la propriété d'un homme ou d'un groupe restreint d'individus, les exploiteurs, les employeurs arrivés, par suite de l'imperfection du régime, à monopoliser provisoirement peut-être, mais successivement, ces instruments de travail ; l'ouvrier, l'employé, sorte d'outil supplémentaire, en pénétrant dans l'usine, n'y apporte

______

(1) Gabriel Deville. *J. O.* 6 novembre 1897, page 2.321, col. 3.

(2) A certain point de vue, le caractère absolu de cette conclusion est discutable. Si on ne peut concevoir l'usage commun des éléments qui constituent la partie *matérielle* du bien-être normal, il n'en est pas de même de certaines satisfactions intellectuelles, qui, elles aussi, soulèvent parfois des crises sociales quand elles sont le partage d'un trop petit nombre. Le goût du beau, du luxe même, qui est apprécié par le riche parce qu'il est rare, et qu'il le satisfait privativement, peut être l'objet d'une jouissance commune dans les musées, les bibliothèques, les salles de réunions communes. C'est sur le développement de cette partie *intellectuelle*, essentielle aussi au bien-être normal, que doivent porter surtout les efforts de l'économie sociale.

que ses bras, son travail. Mais là encore apparut le
danger pour une doctrine d'ensemble prétendant à la
réforme scientifique et intégrale du droit le plus essentiel de la société, de se laisser guider par l'opportunité
des situations et de modifier sa théorie pour la rendre
désirable ou acceptable par une masse simpliste ; des
protestations ne tardèrent pas à s'élever de la part d'une
quantité de petits producteurs des villes (qui, eux, étaient
propriétaires de leurs instruments de travail), malgré
leur sympathie pour une réforme de la société dans le
sens vague où est prise souvent cette expression dans le
peuple. Ces protestations attirèrent l'attention de l'école
collectiviste, un examen plus attentif lui montra le grand
nombre des petits producteurs et la nécessité de se les
attacher. En même temps, les populations rurales com-
mencèrent à s'inquiéter de nouveau d'un mouvement de
réforme en contradiction violente avec leurs habitudes.

Une nouvelle atténuation fut donc introduite. Certains
instruments de production, dont la terre, pourront faire,
à titre transitoire, l'objet d'un droit de propriété privée,
mais à la condition de ne pas être soustraits à l'action
directe de leurs propriétaires ni mis en exploitation par
une masse de salariés. Cette période de transition durera
jusqu'à ce que les petits propriétaires, convaincus par le
spectacle des bienfaits du régime appliqué aux autres
parties de la production, en viennent à renoncer eux-mêmes
à un privilège contraire à l'harmonie générale.

En Amérique Henri George, en Allemagne Groulund,
ont donné au développement d'une partie de ces idées
l'appui d'une active propagande dans les milieux agricoles.
Henri George, reprenant la théorie de Vauban, de Turgot,
et plus près de nous de Ricardo, et laissant de côté la
légitimité du droit, estime que le privilège foncier est l'u-
nique cause de la grande misère prolétarienne. Sans l'ac-

cès du sol, le travail ne saurait trouver à s'exercer, le
travailleur ne saurait jouir du fruit de son travail. Au
sol uniquement il rapporte toutes les lois de reproduction et de répartition des richesses. Ainsi la question
agraire est pour Henri George, la question universelle,
le point de départ de toutes les réformes. Le commun pré-
jugé est de croire qu'elle n'intéresse que les cultivateurs ;
elle intéresse tous ceux qui produisent : le sol étant le
siège de toute production, de toute habitation, de tout
travail. Sans la terre l'homme ne peut rien : « Le maître
» du sol est maître de la vie de ceux qui en sont privés,
» l'homme sans terre, c'est le poisson sans eau, c'est l'oi-
» seau sans air : l'homme est un produit du sol, il vient
» de la terre et il y retourne. La terre est le grand ré-
» servoir de tout ce qui est nécessaire à la vie ». Chacun
doit donc y avoir un libre accès. Ce sera le principe
primordial de la société nouvelle : or, sous quelle forme
George entend-il la réaliser : l'homme sera toujours propriétaire légitime des instruments de travail et de la plus-
value donnée au sol, mais non du sol lui-même ; il devra
en restituer l'équivalent à la société par une redevance
ou taxe représentant exactement la valeur du sol nu. Ce
régime ressemblerait singulièremeut à celui de la propriété
moderne sur laquelle les impôts prélèvent largement cette
redevance !

C'est pour cette raison que le collectivisme agraire
français ne prend à George que ses prémisses et une partie
seulement de sa conclusion, qu'il ne consent à appliquer
qu'aux gros propriétaires ; il y aurait donc cumulative-
ment, à côté de la petite propriété temporaire individuelle,
la propriété collective réquisitionnée auprès des non-
exploitants, détail que l'on passe volontiers sous silence,
ou qui serait volontairement livré à la collectivité par les
petits propriétaires : on compte beaucoup, nous l'avons vu,

sur la décision spontanée de ces derniers : la déchéance dont ils se plaignent se manifeste actuellement, dit-on, par l'endettement, l'éviction apparente ou non de leur terre, de leur instrument de production, inaliénable sous le nouveau régime ; s'ils l'adoptent, c'est-à-dire s'ils renoncent au droit de disposition, on leur promet qu'ils ne se trouveront plus dans une pareille situation : c'est l'assurance contre l'expropriation future par l'expropriation présente.

L'ensemble des moyens des production socialisés serait mis à la disposition de chacun, sa vie durant, dans la mesure qui serait nécessaire pour lui assurer son existence ; spécialement, en matière agricole, cet instrument (soit la terre et ses accessoires) ne devrait pas dépasser comme but à atteindre l'entretien plus ou moins confortable de la famille et non une multiplication de *moyens d'exploitation*, une accumulation de capital, qui, dans le nouveau régime, resterait forcément improductif et constituerait une perte de bien-être pour la masse, ou serait un encouragement à une infraction, c'est-à-dire à son utilisation en vue de cette plus-value qui n'est autre qu'un surtravail du salarié, de l'emprunteur à la disposition duquel on l'aurait mis. Si on veut prendre un modèle dans la société actuelle, du type que le collectivisme imposerait à toute l'agriculture, on n'a qu'à se figurer une petite ferme de 2 ou 3 hectares (exempte de fermage) dont l'exploitant n'aurait d'autre but, d'autre droit que celui de vivre sans soucis du lendemaiu... et sans le spectacle de gens plus fortunés que lui.

§ 3. — Mode relatif : individualisme agraire.

La constitution de petites exploitations, tel est également le but d'un groupe d'économistes qui, sans viser, à proprement parler, à une réforme d'ensemble, se plaçant à un point de vue plus humain, moins utopique, accordent aux travailleurs, en échange de leur activité, la propriété perpétuelle du résultat de leur travail, que ce soit sous forme de terre ou d'outils.

L'évolution, disent-ils, a bien une tendance à mettre la production moderne entre les mains de gros entrepreneurs; mais ce n'est pas dans un but final de monopole dont l'existence ne serait qu'éphémère, c'est afin de produire en grand, c'est-à-dire d'obtenir par certaines économies sur le coût de la production, à la fois une quantité et un bon marché que ne peut atteindre la production individuelle. Le tout se traduit par un supplément de satisfactions pour l'humanité, mais aussi par le régime défectueux de l'industrie en manufacture, auquel il est difficile de porter remède. Il n'en est pas de même pour l'industrie agricole.

Le but de la production en grand, avons-nous dit, est de réduire les frais généraux : ceux-ci comprennent d'une part le salaire de l'ouvrier déjà insuffisant, et de l'autre, le budget de l'outillage. On comprend qu'il est impossible, sans surcharger ce budget d'une façon déraisonnable, de mettre à la disposition de chaque famille ouvrière une petite usine complète ; il est très facile au contraire de confier à chaque famille rurale tous les éléments d'un travail complet de la terre et cela sans augmentation de frais ; la production individuelle, familiale sur un petit domaine où rien n'est laissé en friche, s'efforce de faire rendre à la terre tout ce qu'elle est capable de rendre. Sismondi a reconnu qu'une

pareille exploitation visait au produit brut alors que le
régime industriel visait au produit net; aujourd'hui le maintien de cette tendance est tout à l'avantage du petit culti
vateur, car d'une part la plus grande charge, le salaire
du travail en numéraire n'existe pas pour lui, quant au coût
de l'outillage le plus perfectionné, sa nature permet, grâce
à une saine compréhension de l'association, de le réduire
à un taux insignifiant.

La petite propriété peut donc satisfaire, aussi bien que
la grande, aux lois du progrès, de plus elle a l'avantage sur
celle-ci d'une surveillance plus sévère des cultures, la
situation beaucoup moins précaire et défectueuse de ses
rares salariés au point de vue du bien-être conscient.

Le prolétaire de l'usine n'a pas l'espoir de devenir industriel ; le travailleur des champs voit, au contraire, autour
de lui, tous les jours, ses compagnons parvenir sans nuire à
personne, à la possession d'un lopin de terre qu'ils tendent
toute leur vie à arrondir.

Le cultivateur se rend compte également du résultat
insignifiant qu'entraînerait pour lui la disparition des
favorisés de la fortune..... On a vu, au cours de récents
travaux de statistique établis en vue d'un impôt progressif
de mutation par décès, quel était le faible nombre des
grandes fortunes comparées à la masse des petits capitalistes.

Toutes ces considérations ont instinctivement contribué
à faire du travailleur agricole la réserve de l'individualisme
en matière de propriété. En France, d'ailleurs, les événements y ont contribué pour beaucoup : les bouleversements
de la politique, à la fin du dix-huitième siècle, ont mis à la
disposition des agriculteurs des quantités considérables
de terrain à bon compte, enlevés à la propriété collective
des communautés, de telle sorte que la diffusion de la propriété individuelle fut accélérée au moment même où les

progrès de l'industrie tendaient à lui donner ce caractère collectif, et produit encore ses effets aujourd'hui, en neutralisant les efforts tentés par les écoles socialistes.

L'Evolution ne condamne donc pas la propriété individuelle, elle en modifie profondément le régime ; mais elle entend maintenir l'essence du droit dans son intégrité. comme le soutien le plus solide pour résister aux accidents d'une marche en avant de plus en plus rapide et en même temps de plus en plus savante.

Cette rapidité et l'introduction de procédés scientifiques nécessitent l'utilisation complète de ce courage presque surhumain des cultivateurs qu'on peut admirer tous les jours et qui est la conséquence de la responsabilité consciente de leurs actes. Cette force ne peut être mieux mise en œuvre que libre ; il convient donc de la cantonner dans une sphère suffisante à son activité et par suite de multiplier ces individualités productives libres.

Telle est la conclusion des adversaires du collectivisme. Chose curieuse, cette propriété type que les individualistes donnent comme devant fournir la réserve la plus solide contre le socialisme-collectiviste, revêt extérieurement la même forme que cette dernière doctrine entend donner aux exploitations sous le régime agraire qu'elle désire faire prévaloir ; *l'âme* seule en diffère.

L'individualisme agraire a de plus, en France, un grand avantage sur la théorie adverse : la propriété répond, dans son ensemble, à l'idéal de répartition qu'elle préconise. Il a donc pu envisager, de suite, les remèdes de détail précis et immédiats à apporter suivant leurs causes aux différents accidents qui peuvent nuire au bien-être des travailleurs : la prévision et l'atténuation des crises.

§ 4.

Nous avons déterminé brièvement quels étaient les facteurs que met en mouvement l'industrie agricole sous le régime de la propriété individuelle; il faut nous demander maintenant pourquoi la mise en activité de ces forces économiques, au lieu d'assurer à la société une production continue de richesses indispensables et aux agriculteurs une juste rémunération de leur travail, aboutit trop souvent à des résultats si maigres, si défectueux, qu'un malaise général en soit la conséquence pour la société tout entière.

Certains philosophes ou économistes, avons-nous dit déjà, embrassant dans son ensemble la vie sociale de l'humanité, ont tenté d'expliquer ce malaise en prétendant qu'en matière de production, tout ce qui dépasse comme but et comme moyen la sphère d'une famille, tout ce qui est destiné à la satisfaction de besoins autres que les besoins immédiats, est dangereux pour l'harmonie générale et tend à entretenir à côté de la société naturelle, seule fin de l'homme, une société factice, artificielle, et exposée à toutes les vicissitudes de pareils organismes : c'est là une négation complète du progrès, sa condamnation sans appel, et contraire, sous cette forme absolue, à la réalité des faits.

Il est certain qu'une nation composée uniquement de familles de ce genre, vivant de la vie primitive et qui auraient, chose essentielle, la notion de l'épargne, ignorerait la plupart des crises que nous allons analyser : mais une pareille situation ne pourra jamais être permanente. L'idée d'épargne, instinctive pour éviter les souffrances résultant des accidents météorologiques ou autres, a

pour conséquence la constitution d'un capital. L'existence
de ce capital, de cet excédent de production ménagé,
constitue un progrès. Or, le cultivateur, encore insuffi-
samment conscient de ce progrès, sera amené parfois à
en user imprudemment : d'où des crises. Par la seule
force de l'évolution naturelle, il se trouvera pris dans un
engrenage que rien ne peut arrêter (1).

C'est l'évolution en effet, cette marche en avant acci-
dentée, cette complication de jour en jour plus grande
de besoins à satisfaire, d'agents nouveaux dont *il faut*
assurer le fonctionnement ; elle présente presque toujours
simultanément deux aspects : progrès d'une part, crise
de l'autre. Elle est à l'agriculture ce que les troubles
de la croissance sont à l'enfant qui acquiert en même
temps des forces. Mais, de même que l'enfant est sujet
à d'autres accidents, dont un ensemble de précautions
parfaites peut le préserver, de même l'agriculture, en
dehors de cette transformation de tous les instants, est
exposée à des malaises distincts de cette évolution quant
à leur cause.

Un éminent économiste, M. Bureau (2), a traité d'une
façon imagée cette question de terminologie : « C'est par un
abus de langage, dit-il, qu'on appelle crise agricole ce
déplacement de forces économiques auquel assiste notre
époque ; elle n'a rien des accès périodiques et passagers d'une
crise, cette dépression agricole qui se développe au contraire
dans sa majestueuse toute puissance ; on pourrait plutôt la
comparer à un grand fleuve aux eaux paisibles, qui, par la
lente poussée de la masse de ses eaux, écarterait, sans fracas,
les obstacles s'opposant à l'immersion lente et sûre des terres
qui s'étendent le long de ses rives. »

(1) Vico. *Principi di scienza nuova*. Lib. II. passim.
(2) « *Le Homestead* » page 333.

Il est établi que le monde vivant tout entier est en perpétuelle fermentation, aussi bien dans la vie animale que dans la sphère des intérêts sociaux.

D'après M. Bureau, le mot *crise*, pris dans son sens populaire, signifierait simplement le résultat de ce travail permanent, serait synonyme d'évolution naturelle ; pris *stricto sensu* et suivi d'un qualificatif, il désignerait spécialement certains accidents simultanés à cette évolution.

Cette distinction paraît exacte ; tout en l'observant, nous nous garderons cependant d'établir des classifications trop précises des crises de cette dernière catégorie. Cette méthode permet de donner plus de clarté à une étude de détail de ces différents phénomènes, mais elle nuit à l'examen d'ensemble de la situation. Le plus souvent, un malaise agricole temporaire prend, en effet, naissance dans la réunion, à des degrés divers, de plusieurs de ces causes qui, envisagées séparément, seraient peut-être passées inaperçues. Cette analyse est parfois difficile car la crise se manifeste presque toujours d'une façon identique, quels qu'en soient les motifs : d'abord par la *gêne*, ensuite par la *misère*, puis par la *famine*. La gêne, au sens vulgaire, consiste dans la privation de satisfactions non indispensables à la subsistance des individus, mais qui, par le fait de l'atavisme et de l'habitude, s'étaient transformées en besoins réels, par exemple : l'usage du tabac et des liqueurs. La *misère :* la « faim lente » a dit Proud'hon, sans compromettre définitivement la vie végétative des êtres humains, ne leur accorde qu'une partie du strict nécessaire que ne leur laisse même pas la *famine*, absence complète des consommations de première nécessité.

CHAPITRE III

**§ 1. — Une observation ininterrompue des faits est indispensable
pour déterminer les tendances de l'évolution et ses rapports avec
les crises agricoles.**

Nous avons laissé entendre que les manifestations de
l'évolution et des crises agricoles, si violentes qu'elles
parussent, n'étaient jamais que le résultat, soit d'un lent
travail de désagrégation de certains éléments de la production, soit de la transformation du milieu dans lequel
ils agissent. C'est donc en surveillant dans la pratique,
d'une façon minutieuse, les mouvements réguliers ou non
de ces divers facteurs, que l'on pourra étudier leurs
tendances défectueuses, et, par suite, remédier préventi-
vement à la violence d'accidents dont les conséquences
sont si graves pour les groupements sociaux.

Sur quels objets doit porter cette surveillance ? — Les
deux facteurs essentiels de la production, avons-nous dit,
sont l'élément personnel et l'élément réel. L'ensemble de
leurs rapports passés et présents forme un milieu social
régi par des traditions, des usages, et enfin des lois.
Chaque manifestation de ces rapports, envisagée à un
point de vue spécial, constitue un fait. Si, limitant le
champ de nos recherches à un ensemble de faits étroitement liés, nous les immobilisons d'une façon factice,

pour la facilité de l'étude, nous serons amenés à distinguer des *faits-causes* et des *faits-résultats*. Cette expression, de même d'ailleurs que l'idée qu'elle exprime, ne doit être considérée que comme un artifice d'analyse, car dans la nature, pas plus que dans la sphère des lois de l'esprit, il n'y a de cause qui ne soit le résultat d'une cause à elle antérieure et ne forme une partie du long ruban de l'*Infini*, dont le plus éclairé des humains ne peut jamais envisager qu'une très faible partie.

Cette réserve faite, il faut appliquer successivement cette méthode à l'homme et à la terre.

Envisageant d'abord leur nature, il est nécessaire de poser un principe fondamental, conséquence de la profonde diversité des races et des pays : la *subdivision*, sous peine de confusions du champ d'observation de chacun de ces éléments. Si les intérêts généraux, en effet, sont toujours soumis aux mêmes lois, les faits par lesquels ils se manifestent revêtent des formes si diverses, suivant les régions, que l'on risquerait, sans cette précaution, de leur donner trop fréquemment une fausse interprétation. Ce n'est pas dire que l'étude générale des faits universels ne soit indispensable : il faut reconnaître seulement qu'on court au devant de chances d'erreur trop multiples si on embrasse un ensemble aussi énorme. Les progrès réalisés dans ces dernières années, et qui se sont manifestés par de nombreux congrès internationaux, paraissent contredire notre affirmation. Il est incontestable que les renseignements mis à la disposition des savants assemblés ont fait l'objet de travaux extrêmement précis, quant à leurs conclusions ; mais on néglige, en fait, d'examiner assez sévèrement leur source que l'on découvrirait des plus incertaines, sauf pour de très rares objets, et qui rendraient sceptiques sur les conséquences, si bien déduites qu'elles soient, qu'on a pu en tirer. Faisant notre profit de cette observation, nous poserons donc que l'observation des faits ayant pour but une conclusion *exacte* et une application *utile*, devra porter, au maximum, sur une nation, sur un groupement dont les mœurs, les lois, les usages présentent un caractère de ressemblance suffisant pour éviter toute fausse interprétation.

Le premier objet de cet examen doit être l'*homme*, et en premier lieu, son existence même : le mouvement de la natalité, de la mortalité, sa manière de vivre dans tous ses détails, la transformation de ses besoins et de leur satisfaction ; en second lieu : sa valeur productive, sa morbidité, sa force, son instruction, la confiance qu'il inspire, le crédit personnel qu'il sait mériter, la variation des formes sous lesquelles se manifeste chacun des aspects de sa vitalité économique.

Le second objet sera l'élément réel, la terre, d'un régime moins mobile et cependant d'une observation beaucoup plus complexe, soit qu'on envisage sa productivité proprement dite, ou ses rapports civils avec l'homme ; on y rapporte le mouvement des mutations de propriété ou de jouissance, son utilisation comme instrument de crédit, l'importance plus ou moins grande qu'attache à sa possession la société prise dans son ensemble.

Enfin le milieu social, réunion de traditions, d'usages et de lois qui régissent les rapports de ces éléments, exige une étude attentive.

§ 2. — **Théoriquement, cette observation des faits économiques agricoles doit être opérée au moyen d'enquêtes-statistiques et de dénombrement spéciaux.**

L'intérêt des matières auxquelles s'applique cette notation permanente des faits, l'esprit de curiosité scientifique, a donné lieu à la spécialisation de certains savants dans cette branche d'études, de telle sorte qu'appliqué d'une façon d'abord très restreinte à certains objets, ce système d'observation tend de plus en plus à se généraliser, à se préciser ; on vise même à en faire une science : la science de la *statistique*.

Son but, dit un de ses maîtres, Rumelin, est d'indiquer le moyen de parvenir par le dénombrement des variables, à des lois expérimentales et des conclusions sûres, là où la simple induction reste impuissante en raison même de la variabilité des cas.

Nous pensons que c'est plutôt un art, une méthode servant d'auxiliaire aux autres sciences, parce que le résultat de ses données tire toute sa valeur de la façon dont elles sont utilisées, et que la recherche de ces renseignements, sans le but de cette utilisation, est inadmissible. Pour être plus modeste, du moins en ce qui concerne la terminologie, le rôle de la statistique n'en est pas moins capital dans notre ordre d'études : l'énumération seule des faits à envisager et surtout leur variabilité, montre de quelle importance sera son concours pour les observations économiques à recueillir, pour l'expression numérique de leur importance, leur *dénombrement*.

La statistique n'a d'abord revêtu que cette première forme où elle établissait en même temps la méthode à suivre et l'appliquait elle-même aux faits économiques, ce qui n'a pas été sans jeter une certaine confusion dans la détermination exacte de son rôle (1).

On tend aujourd'hui à la faire sortir de cette unique traduction *numérique* des faits pour la faire entrer dans l'étude de certaines observations qui ne peuvent être représentées sous cette forme : dans les *enquêtes*. Le développement de ce second mode, applicable à une zône plus restreinte et d'une centralisation beaucoup plus difficile, mais d'une utilité incontestable, constitue, en quelque sorte l'éclairage indispensable de la route tracée et mesurée par le dénombrement, un contrôle par épreuve des lois générales posées d'après les grands nombres.

Généralement, ce travail est subdivisé en deux parties : 1º la réunion des renseignements ; 2º leur utilisation qui consiste à centraliser, dans un document unique, les éléments recueillis. Malheureusement ces deux organes sont le plus souvent indépendants, étrangers l'un à l'autre : la réunion des renseignements étant opérée fréquemment dans un but tout différent de celui qui intéresse le statisticien. Il faut donc reconnaître que l'existence d'une administration de la statistique, c'est-à-dire exclusivement chargée de collectionner des indications précises, déterminées à l'avance, pour chaque objet spécialement, et consacrant à ce travail un zèle consciencieux et intelligent, peut seule constituer un parfait observatoire permanent d'économie rurale.

(1) *Revue de l'Enregistrement.* Février 1897, nº 1314.

§ 3. — Pratiquement, en France la statistique agricole fonctionne d'une façon défectueuse.

L'usage s'est introduit en France de procéder tous les dix ans à un dénombrement statistique agricole, d'un intérêt incontestable d'ailleurs, dont les résultats servent immédiatement de base aux discussions sur toutes les questions qui touchent à l'agriculture.

Malheureusement, ces renseignements sont recueillis à l'origine d'une façon fantaisiste : le maire se décharge de ce soin sur le secrétaire qui, étant souvent en même temps instituteur, confie la besogne au garde champêtre de la commune : celui-ci opère seul tant bien que mal et sans contrôle. Et c'est encore là un procédé régulier ! Nous avons eu entre les mains les minutes de plusieurs cantons : le contrôle par épreuve de l'un d'eux, primé par une médaille, nous a fait reconnaître qu'en moyenne, sur 6 communes, il y en a 5 où les documents fournis sont absolument erronés : on y relève des erreurs de 500 à 600 hectares dans les terrains en jachère mis en culture, de 1000 à 1500 hectolitres dans la production du lait. On y trouve des mentions dans le genre de celle-ci : « La commune de X n'ayant rien dit à ce sujet, on n'a pas cru devoir totaliser ».

Les statistiques agricoles, pour être vraiment utiles, ont besoin d'être améliorées, c'est ce qui a été constaté au congrès de l'institut international de statistique qui s'est tenu en 1897, à Saint-Pétersbourg. En effet, le « rôle de la statistique agricole, ajoutait M. Marcel Vacher, à la séance de la Société nationale d'agriculture du 16 février 1898, est aujourd'hui considérable et a une influence incontestable sur le cours des blés. Or, ces statistiques sont faites avec la plus grande insouciance ; les feuilles sont adressées aux maires qui, généralement, ne les regardent même pas, les passent aux instituteurs qui n'ont guère le temps de se renseigner ; ils remplissent les cases avec des chiffres non contrôlés, on signe et voilà la statistique établie. Dans certaines communes, on reproduit même simplement la statistique de l'année précédente ! »

La création d'un organe spécial unique, auquel serait confiée cette mission, est très difficile. La besogne des agents serait énorme et le coût tellement onéreux qu'il est chimérique d'espérer voir fonctionner jamais un pareil service. Il y a bien, en matière agricole, quelques fonctionnaires de ce genre ; mais leur nombre très restreint, par suite des considérations que nous venons de donner, annihilent presque complètement leur rôle : plusieurs cantons de certains départements n'ont jamais reçu leur visite et il faut poser en principe que dénombrement ou surtout enquête tenu de seconde main perd la moitié de sa précision.

§ 4. — **A défaut d'un service spécial de statistique, cette observation permanente des faits pourrait être confiée à des administrations déjà existantes.**

A côté de ce mode idéal, il en est d'autres plus pratiques et dont l'application donnerait, à notre avis, les meilleurs résultats : l'utilisation d'une façon méthodique des fonctionnaires locaux, mais de ceux seulement dont les renseignements seraient nécessairement d'une précision mathématique. Nous voulons parler des services financiers de l'Etat dont ces administrations possèdent deux

ou trois représentants dans chaque canton. Cette diversité d'administrations demande avant tout l'existence d'un
organe central chargé d'établir « le canevas général » à
remplir : une fois cette méthode tracée, avec certaines
précautions indispensables, l'ensemble du territoire serait
couvert d'un réseau de moyens de renseignements dont
les résultats, recueillis automatiquement, fourniraient des
indications indiscutables.

Les services financiers de l'État présentent des garanties d'exactitude qui manquent aux autres sources de la
statistique prises en général. Les résultats de leurs travaux sont toujours la base de recettes fiscales pour lesquelles leur responsabilité personnelle se trouve engagée
d'une façon sérieuse: c'est à cette source bien restreinte
encore aujourd'hui, et consultée indirectement, que les
économistes font pourtant leurs emprunts avec le plus de
sûreté. Malheureusement ces dénombrements sont établis
sur des classifications qui n'ont rien de scientifique et
dont les auteurs se préoccupent trop peu des observations économiques qu'elles pourraient faire ressortir.
Ainsi, on assiste à ce spectacle étrange de trouver dans
le bulletin de statistique du Ministère des Finances de
France, des renseignements précis sur le mouvement de
la dette hypothécaire de plusieurs districts du royaume
de Prusse, alors qu'on n'y voit aucun document sur le
mouvement de la dette hypothécaire dans les campagnes
françaises.

Lors du débat ouvert sur « La Crise agricole » par
l'interpellation de M. Jaurès en 1897, celui-ci a pu dire :
« Nous allons discuter sur le mouvement de la propriété
foncière, sur sa concentration et sa dispersion, et nous
sommes réduits à conjecturer, uniquement d'après les
cotes foncières sujettes forcément à des interprétations
incertaines et contradictoires, la répartition de la terre de

France entre ce qu'on appelle la grande et la petite propriété... Ne serait-il pas possible, pour l'hypothèque
d abord, de nous tracer et de nous communiquer un tableau du mouvement de la dette hypothécaire en France,
en ce qui touche surtout la propriété rurale? — Et pour
la répartition des fortunes, est-ce que l'Administration de
l'Enregistrement ne pourrait pas, chaque année, quand une
succession s'ouvre, faire le compte, faire l'analyse de la
façon dont les diverses successions ouvertes se répartissent, par exemple, entre le chiffre de 100 fr. et celui
de 5,000, entre celui de 5,000 et 10,000, et ainsi, par catégories superposées, nous pourrions suivre sur des documents exacts, sur des documents incontestables, le mouvement de la fortune publique, de la propriété foncière
et nous ne serions pas exposés à nous heurter, sinon dans
les ténèbres complètes, du moins dans les demi-ténèbres
qu'a accumulées sur nous l'insuffisance des statistiques. »

Par une coïncidence heureuse, au moment où ces critiques étaient formulées à la Chambre des députés d'une
façon aussi vive, l'Administration de l'Enregistrement venait de voir mettre à sa tête M. Fernand Faure, professeur de statistique à la Faculté de Droit de Paris, et depuis quelques mois déjà, sous son impulsion énergique, il
avait été apporté, en vue d'une utilisation ultérieure, de
profondes modifications dans la nomenclature des précieux renseignements que peut obtenir ce service, grâce
à sa pénétration quotidienne dans la vie civile et économique du pays (1).

Certaines précautions doivent être apportées à l'utilisation des indications fournies : les documents de l'administration de l'Enregistrement se subdivisent en deux
catégories :

(1) Un *Bulletin de Statistique et de Législation comparée*, de l'Administration de l'Enregistrement a été créé en 1897.

(A). Les documents publics officiels, anonymes, se traduisant en trois séries de chiffres :

1° Nombre d'actes de chaque nature et des intéressés.

2° Valeur imposable ;

3° Recettes effectuées ;

Et d'autre part ;

(B). Un ensemble de renseignements confidentiels réunis dans chaque bureau, formant un régistre spécial dit *Répertoire général pour la répression de la fraude*, et présentant, pour chaque individu, le montant de ses acquisitions mobilières et immobilières, contrats de mariage et testaments, ainsi que les aliénations consenties. Le tout est maintenu à jour au moyen des actes et déclarations parvenus légalement à la connaissance de cette administration.

La première catégorie répond au dénombrement statistique et son utilisation ne présente aucun inconvénient.

Il est évident que la seconde sera d'un grand intérêt pour les enquêtes : les prodromes des déconfitures de certaines exploitations y sont signalés, par exemple, lors des emprunts, par le taux de l'intérêt stipulé et la coïncidence de ces actes avec des commandements et des assignations en paiement ; mais ce sont des faits d'ordre délicat dont un enquêteur ne pourra jamais faire son profit qu'en usant de la plus grande prudence dans leur interprétation. Ces indices échappent aux dénombrements et cependant, il faut reconnaître que les chiffres des statistiques gagneraient beaucoup, a être éclairés et annotés par eux.

La même administration permettrait, dans les pays exclusivement agricoles, de connaître par le montant de la débite du timbre proportionnel ordinaire, l'importance du crédit personnel des habitants et d'en calculer annuellement les variations à une très faible approximation, le crédit réel étant révélé de son côté par l'enregistrement des obligations hypothécaires.

Les administrations des contributions directes et du cadastre, des perceptions, des contributions indirectes présentant les mêmes garanties d'exactitude, fourniraient un sérieux concours à ce service, à condition de ne plus centraliser seulement à Paris, sans aucun lien entre eux, les renseignements obtenus.

Tous ces renseignements, surtout pour les enquêtes, perdent beaucoup en effet à être trop généralisés, soit sous forme de totaux, soit sous celle de moyennes. Il y aurait avantage à descendre d'échelon en échelon d'une région à un département, d'un département à un canton, en poussant chaque fois l'étude jusqu'aux plus minutieuses particularités, afin d'arriver à des observations de plus en plus sûres, à des conclusions de plus en plus exactes. Au dernier échelon, qui pourrait être le canton français de moyenne importance, le document fourni perdrait son caractère anonyme : il prendrait l'aspect de la vie, s'individualiserait et serait un tableau continuellement vrai de la vie rurale du pays.

Tout en révélant peut-être des arguments en faveur d'une décentralisation effective, ce procédé serait aussi une sauvegarde du respect dû aux intérêts des minorités économiques que le régime basé sur les dénombrements écrase parfois, alors qu'une enquête aurait démontré le moyen de préserver leur existence et leur bien-être.

A côté des administrations de l'Etat, il faut faire une grande place, au point de vue rétrospectif, aux archives notariales ; sans donner sur les grands points d'histoire les solutions qui accaparent trop uniquement les lettrés, elles nous montrent, dans la sincérité la plus absolue, les détails de la vie intime de la foule des citoyens au milieu de leur ménage. En dehors des indications sur l'élément rural personnel, les renseignements fournis sur l'élément réel ne sont pas moins importants ; les procès-verbaux d'adjudication nous donnent le mouvement exact de la valeur des maisons et des terres livrées à l'agriculture, le prix de vente des denrées et d'achat des fournitures usuelles.

CHAPITRE IV

LES CRISES ET L'ÉVOLUTION DANS L'ANTIQUITÉ ET A L'ÉTRANGER

Les cultivateurs, sauf ceux qui exploitent de simples champs d'entretien, ont pour but, comme tous les industriels, de vendre leurs produits à un prix suffisamment rémunérateur, à un *prix normal,* c'est-à-dire permettant d'assurer leur existence matérielle, d'amortir les dépenses faites ou engagées et en troisième lieu de former un fonds de réserve contre les risques éventuels, en un mot de couvrir le coût de production.

Si ce prix normal est atteint, il y a bien-être relatif, s'il est dépassé, il y a prospérité; s'il n'est pas couvert, une crise éclate.

Les mouvements et les combinaisons de ces deux facteurs ont toujours été entièrement variables. Il peut y avoir :

Prix de vente :	*Coût de production*	*Résultat*
1. Stationnaire-normal	Stationnaire.	Bien-être.
2. Stationnaire ou en hausse	En baisse.	Prospérité.
3. En hausse	Stationnaire	Prospérité.
4. En hausse	En hausse	Bien-être.
5. En baisse	En baisse	Bien-être.
6. En baisse	Stationnaire	Crise.
7. En baisse	En hausse	Crise.
8. Stationnaire	En hausse	Crise.

Ce tableau constitue une sorte de baromètre pour apprécier la situation économique de l'agriculture. Dans le premier cas, il y a calme complet pour la vie agricole, calme rémunérateur d'ailleurs, mais qui ne doit cependant pas être considéré comme l'idéal à souhaiter. Une pareille situation, contraire à la loi d'évolution, si elle se prolonge, précède ordinairement, de même que pour l'atmosphère, des mouvements très brusques, souvent désastreux. Une hausse du prix de vente et une baisse du coût de production, quoique dénotant une situation favorable aux populations rurales, ne doit pas non plus être trop désirée, car elle est généralement corrélative à un malaise chez les populations manufacturières et, par suite de la solidarité fatale entre les différentes parties des sociétés, les premières devront, tôt ou tard, en ressentir les malheureux effets ; — les mêmes conséquences, mais à un degré moindre, seront celles d'une hausse de prix avec un coût de production stationnaire ou une augmentation de ce coût.

Le véritable progrès, le but auquel doit tendre l'économie rurale, est d'amener une baisse des prix progressive, lente mais continue, par suite de la diminution du coût de production.

Nous arrivons, avec les trois dernières phases, aux groupements de *faits* qui occasionnent les crises agricoles : baisse des prix en face d'un Coût de production stationnaire ou en voie d'augmentation.

Les crises de toute nature rentrent dans une de ces trois catégories. Nous devrons donc envisager successivement l'influence que peuvent exercer sur ces deux phénomèmes : mouvement des prix de vente et mouvement du coût de la production agricole, les lois économiques, l'organisation sociale, le régime politique et fiscal, le développement plus ou moins étendu des connaissances techniques des populations.

Il nous faut auparavant, par un examen rapide de la situation des populations agricoles dans l'antiquité et de nos jours, recueillir les indications indispensables à la clarté d'une analyse exacte et précise des crises modernes.

4

ANTIQUITÉ

La simplicité des organismes politiques, le faible développement de l'industrie et du commerce fut, pour les société anciennes, une sauvegarde contre les crises agricoles autres que celles provenant des accidents météorologiques et des conflits violents entre peuples. Une forte organisation familiale évitait le morcellement exagéré des biens et ses conséquences, le pouvoir central qui, malgré sa rusticité, était une protection puissante pour ces populations qui n'avaient d'autre but, selon l'énergique expression populaire, que de « se laisser vivre ». Mais ce but était plein de risques, de dangers dont les agriculteurs étaient souvent les agents actifs, mais bien malgré eux. « La terre, dit Xenophon, encourage les cultivateurs à défendre leur pays les armes à la main, par ce fait même que ses productions sont offertes à quiconque a la force de les prendre ; mais si, divisant la population en deux classes, artisans et laboureurs, on demandait aux uns et aux autres : faut-il tenir la campagne ou évacuer la banlieue pour garder les remparts, les premiers voteraient pour qu'on résistât, les seconds pour qu'on cessât la lutte. » Ces dispositions n'étaient que trop naturelles, quand on réfléchit aux maux que la guerre leur infligeait : s'attaquer aux intérêts des populations foncières, ravager systématiquement leurs terres, anéantir leurs moissons, emmener leur bétail et leurs esclaves, c'était là un moyen à peu près infaillible d'arracher à l'ennemi des conditions de paix avantageuses. Pausanias (1) signale comme une singularité des guerres de Messénie, que les Lacédémoniens

____

(1) Cité par Guiraud. *La propriété foncière en Grèce*, pages 620-621.

n'aient pas coupé les arbres ni démoli les bâtiments ruraux de leurs adversaires : cela vient, dit-il, de ce qu'ils
se croyaient déjà maîtres de ce pays et qu'ils ne vou-
laient pas acquérir un désert.

Destruction des produits du fait de l'homme ou de la
nature, telle est la cause unique de la plupart des crises
de l'antiquité. On trouve bien parfois des tentatives
d'accaparement et de spéculation ; mais c'était là un
crime que ces gouvernements primitifs, et ce n'était pas
un de leurs moindres mérites, punissaient avec la dernière sévérité, quand il s'agissait spécialement des produits
agricoles.

Le premier exemple d'une question agraire soulevée
par une crise générale ayant son fondement dans un
fait économique sur lequel nous possédions quelques
renseignements, est la tentative de réforme des Gracques
à Rome.

Le développement de l'esclavage facilitait beaucoup la
constitution de grandes cultures et de prairies au détriment de la petite culture et des classes moyennes, d'où multiplication de cet esclavage, corruption des riches par la
fortune et des pauvres par la misère, et bien plus, corruption du sol italien lui-même ; dans ces immenses
prairies que ne sillonnait plus la charrue, la couche
de gazon rendit le sol presque imperméable et les eaux
pluviales, au lieu de s'écouler par la mer, infestèrent le
sous-sol et s'étendirent en nappes stagnantes : c'est ainsi
qu'est née, dans plusieurs régions de l'Italie, dès les temps
anciens, la *malaria, l'aria cattiva,* c'est-à-dire le mauvais
air, fléau de Rome, de la campagne romaine et de la
Maremne toscane (1).

Absence de classe moyenne, telle était donc la situa-

____

(1) *Cours d'histoire romaine* de M. Geffroy à la Sorbonne 1871-1872.

tion de Rome au V⁰ siècle et c'est pour remédier à ces maux, pour contribuer à la formation de cette classe, que Licinius Stolon avait proposé simultanément la revendication, par l'État, de ces terres qui n'étaient souvent possédées qu'à titre précaire par d'influents citoyens, simples amodiataires de territoires conquis, et le partage entre les citoyens pauvres, de l'*ager* ainsi reconstitué. C'était, dit Tite-Live, une loi *de modo agrorum* : nul ne pouvait avoir, sous peine d'amende, plus de 500 arpents d'*ager publicus* ni envoyer sur celui-ci plus de 100 têtes de gros bétail et 500 de petit, de plus, on devait entretenir sur ces terres un certain nombre d'hommes libres. L'époque qui suivit la promulgation des lois de Stolon est la belle époque de l'histoire romaine. Le Sénat est respecté, les tribuns sont modérés, le peuple jouit de toute liberté : il est permis de croire que les lois liciniennes avaient été pour beaucoup dans cette prospérité ; mais elles n'avaient pas étouffé le germe des fléaux qui avaient commencé à menacer Rome.

Ce fut contre ces abus renaissants que les Gracques firent voter la loi Sempronia qui reprenait, et dépassait même, les dispositions de Stolon, mais cette nouvelle loi fut définitivement abrogée après qu'ils eurent succombé sous les attaques de l'aristrocratie. Des lois agraires furent proposées au temps de Cicéron qui les combattit dans deux discours. Quatre ans plus tard, en l'an de Rome 695, César étant consul en fit voter une qui concédait les terres publiques de Campanie aux plébéiens pères de trois enfants. Sous les empereurs romains il n'y eut plus de lois agraires proprement dites, mais de simples distributions sans aucun caractère de légalité ni d'utilité économique et qui n'étaient, le plus souvent, que le fruit de violentes dépossessions.

Ce n'était qu'après une lutte de plusieurs siècles,

après avoir subi les phases d'une évolution pénible, que
devait parvenir à se constituer la classe libre des cultivateurs de terres libres. Malheureusement cet héritage de
libertés si difficilement acquises, porte les traces des vicissitudes antérieures, et il est échu à l'agriculteur, au moment même où cette évolution, jadis si lente, par un
mouvement soudain dont il n'y a pas d'exemple dans
l'histoire du monde, le jetait dans des luttes nouvelles,
en face de dangers considérables à prévenir et à vaincre.

TEMPS MODERNES

Angleterre. — L'Angleterre subit depuis très longtemps
une crise particulièrement violente. Elle a assisté à un
bouleversement complet et malheureux des conditions de
la production agricole et sa prospérité industrielle et com-
merciale n'apporte qu'une faible compensation à cet état
de choses.

Le Board of agriculture, dans son rapport annuel sur les
résultats de l'année 1895, constate la diminution croissante
de cette production ; la surface cultivée pour produire le blé
est passée de 2.343.000 acres en 1875, à 1.418.000 en 1895,
soit une diminution de près de 50 0/0 en 20 ans. La production est ainsi descendue de 78.000.000 de boisseaux
en 1885, à 37.000.000 en 1895. Les trois quarts des besoins
de la consommation, soit 197.000.000 de boisseaux, ont
dû être importés annuellement, aussi la misère dans les
campagnes est-elle effroyable. Le rapport même du gouvernement considère la situation de l'agriculture anglaise
comme désastreuse, « la terre perd chaque jour de sa valeur, les loyers diminuent sans cesse dans la proportion

de 50, 60 et même 70 0/0. Des propriétaires sont heureux d'affermer leurs terres pour rien, pourvu que le fermier s'engage seulement à payer l'impôt; il en est qui ne peuvent même pas trouver de fermier dans ces conditions et sont réduits à abandonner leurs terres, à les laisser retourner à l'état sauvage « *going ont of cultivation,* suivant l'expression consacrée..... »

Nous trouvons ici une manifestation d'un fait que nous aurons l'occasion de noter souvent: la crise atteint spécialement les terres affermées, les grosses exploitations qui ne peuvent se contenter de « se suffire à elles-mêmes » et doivent réaliser des bénéfices importants, employant la main-d'œuvre salariée et les procédés onéreux de la culture intensive.

Malgré l'autorité des membres de la Commission qui avaient été nommés, il y a 4 ans, pour étudier les causes de cette dépression et rechercher les moyens d'y porter remède, leurs conclusions sont loin d'être très précises, sur ce dernier point surtout. Deux faits sont mis en évidence :

(A) Baisse des prix causée par la concurrence étrangère, principalement sur les blés (les comtés où on se livre à l'élevage et aux cultures maraîchères ont été moins éprouvés).

(B) Augmentation du coût de la production attribuable surtout au prix élevé de la main-d'œuvre. Malgré cela, cependant, le nombre des travailleurs décroît sans cesse et la commission signale avec inquiétude le fait que, dans l'espace de moins d'un quart de siècle, alors que la population avait augmenté de sept millions d'habitants, le chiffre des ouvriers agricoles avait diminué de près de 250.000 unités. — Le prix élevé des engrais rendus nécessaires par la culture intensive, rentre également pour une large part dans cette cause d'augmentation.

On n'indique comme remède que les facilités à accorder au crédit, la diminution des frais de transport et enfin, chose fort grave dans le pays même du libre échange, l'apposition de marques distinctives sur certains produits agricoles étrangers vendus en Grande-Bretagne.

Ces causes de dépression économique se sont superposées, en *Irlande*, à une situation politique et sociale déplorable. L'aristocratie indigène, violemment éliminée par les propriétaires et les ecclésiastiques anglais, a vu disparaître avec elle l'ancienne prospérité du pays. Quant à la population d'origine celtique, elle n'a jamais eu que de faibles dispositions à former une classe moyenne. Il en est résulté la création d'intermédiaires, d'hommes d'affaires qui prennent tout le profit qui pourrait améliorer la situation du fermier et ne laissent à celui-ci aucun mobile de travail.

La gravité de cette situation spéciale demande un remède énergique, mais, quel qu'il soit, son application sera toujours très délicate, car le long espace de temps écoulé a paralysé les rouages de l'activité agricole de ce pays et on ne pourra jamais parvenir à une amélioration qu'en adoptant des mesures compatibles avec son état politique spécial : substituer la culture intensive à la culture extensive, en assurant en même temps le sort des bras rendus inutiles par l'introduction indispensable des machines ; raffermir la situation des fermiers et augmenter leurs revenus en leur abandonnant d'office les terres laissées incultes. Inspiré par M. Gladstone, le Parlement anglais a adopté quelques-unes de ces propositions dans un ensemble de lois dites *Irisch agrarian Laws* (*Land-act* de 1881) ; mais les résultats obtenus jusqu'à ce jour ne paraissent pas répondre au but proposé.

Allemagne. — L'Allemagne présente un caractère que nous avons déjà remarqué en Angleterre : extrême développement de l'industrie simultané à la dépression de l'agriculture, avec cette différence cependant qu'en Angleterre ce développement et cette dépression paraissent avoir atteint une importance plus grande. Le résultat est, par suite, moins grave pour les populations rurales allemandes. La proportion entre les habitants adonnés à l'agriculture et la population totale atteignait 65 0/0 en 1850, alors que de nos jours, les paysans ne sont plus que dans la proportion de 42 0/0 (1), mais cette diminution n'est que relative ; par suite du développement de la natalité, l'ensemble de l'effectif agricole est loin d'avoir diminué aussi brusquement qu'en Angleterre.

La situation de l'agriculture n'est cependant pas florissante et la diversité des régimes et des usages rend de plus très difficile l'application des mesures d'ordre général. M. Blondel ramène à quatre les causes essentielles de la crise : 1° la surproduction ; 2° l'influence du monométallisme allemand sur l'avilissement des prix ; 3° les abus de la spéculation ; 4° l'endettement formidable de la propriété foncière. Nous aurons à revenir sur ces différents points, d'une façon plus générale ; nous devons cependant reconnaître, dès maintenant, que l'allemand, par la combinaison de son défaut d'initiative d'une part et sa discipline de l'autre, a offert aux réformateurs un champ d'expérience qui n'est pas sans avoir produit de très heureux et très intéressants résultats.

Italie. — L'Italie est l'exemple le plus remarquable de la complexité des causes qui amènent la perturbation du régime économique d'un pays. Géographiquement,

(1) Blondel, loco cit. p. 10.

elle présente une rare diversité de climats et du sol ;
au point de vue social, une profonde différence de caractère entre les populations méridionales, apathiques et
languissantes et les vigoureux et actifs habitants du
Piémont, de la Lombardie et de la province de Lucques
qui fournissent à notre département de la Corse ses ouvriers agricoles les plus précieux. Cette variété de l'élément personnel et de l'élément réel, loin de localiser
le malaise causé par la crise, lui a donné un caractère
de gravité que peu d'autres pays ont encore atteint.

L'élément personnel y est cependant presque indemne
de deux des principaux facteurs de désagrégation : la
dépopulation et l'alcoolisme.

L'élément réel n'a pas vu diminuer la fertilité du sol.
Malgré cela, l'Italie se trouve aujourd'hui dans la nécessité de demander une partie des approvisionnements de
son armée et de sa population aux marchés de l'Amérique du Sud, et cette même population endure, à la fin
du XIXe siecle, des privations telles que les ont connues le XVe et le XVIe. La superficie plantée en blé y
a diminué de 1874 à 1897 de 144.000 hectares (1) et cependant, depuis trente ans, ce pays n'a subi ni guerre
ni révolution sérieuse ; il jouit d'un régime d'échanges
très libéral et de voies de communication faciles, à bon
marché, par le service maritime du cabotage. L'Italie ne
porte pas en elle le germe du mal : elle l'a contracté
auprès des autres nations d'Europe en épousant leurs que-
relles. Elle s'est astreinte à un régime militaire extrême-

____

(1) La production du blé dans les différentes régions de l'Italie, par rapport à la population est, par 100 habitants, de 11 hectolitres en Sardaigne ;
54 en Piémont ; 55 en Ligurie ; 75 en Lombardie ; 83 en Vénétie ; 150 au
Latium ; 175 en Sicile ; 195 en Toscane ; 227 dans le midi méditerranéen ;
236 dans le midi adriatique ; 248 en Emilie, et 266 dans les Marches et
Ombrie J. O. 9 mai 1898.

ment dispendieux, surtout par suite des fournitures prises à l'étranger, notamment en Angleterre, qu'elle doit régulièrement payer en or, ce qui a amené peu à peu la raréfaction du numéraire et l'abus de la circulation fiduciaire des billets de banque. A ces causes générales, on doit ajouter :

1° Les charges fiscales, politiques et militaires qui en sont la conséquence;

2° L'instruction presque nulle des populations agricoles;

3° Enfin la malheureuse répartition du sol très riche et très fertile dans les régions où il n'a, pour le mettre en valeur, que des initiatives sans activité, alors que dans les autres, les produits obtenus par une population laborieuse exigent un travail hors de proportion avec le résultat.

La Sicile qui ne renferme aujourd'hui que 1.900.000 habitants dont plus des trois quarts sont profondément misérables, nourrissait jadis 550.000 âmes dans la seule ville de Syracuse, Agrigente en avait environ 300.000 et Sélinonte presque autant. Au moment de la conquête romaine, elle avait encore 68 villes considérables. Gélon un de ses tyrans, envoyait en présent des flottes chargées de blé tantôt aux Grecs et tantôt aux Romains. Dans les anciennes médailles de Sicile qui représentent trois jambes en triangle (la trinacrie), on remarque un épi entre chaque jambe pour indiquer la fécondité de cette île. Mais il n'est pas sans intérêt de faire observer qu'à ce moment, la Sicile possédait un gouvernement qui n'hésitait pas à réprimer cruellement toute spéculation et cette raison n'est peut-être pas étrangère à cette grande prospérité.

La Russie, l'Inde, l'Amérique. — Nous avons groupé ces trois régions, parce qu'elles représentent un ensemble: « la *concurrence* » contre laquelle luttent les nations plus anciennes dont nous venons de parler. On leur attribue généralement la surproduction en même temps que l'abaissement des prix qui en est la conséquence; de plus, la production en grand et à bon marché est leur caractéristique; mais on semble ignorer que ces conditions avantageuses, qui les mettent peut-être à l'abri des crises, ne leur permettent cependant pas d'échapper à l'évolution. Cette baisse des prix qu'on leur attribue, ils la subissent eux aussi: « C'est sur tous les points du globe, dit le docteur Ruhland, qu'on se plaint aujourd'hui de l'avilissement du prix des céréales. » Il est constaté que la production (malgré l'augmentation de la population) a, en somme, diminué depuis quinze ans; que pour l'Amérique, par exemple, la production du blé qui s'était notablement accrue jusqu'en 1880, au point d'arriver à la moyenne de 3 hectol. 32 par tête d'habitant. s'est abaissée à 2 hectol. 28; que dans l'Inde, l'exportation du blé a diminué depuis 6 ans de 6.145.000 quintaux, que dans les pays d'Europe qui produisent le plus de blé, la Russie et la Hongrie, la production tend aussi à diminuer.

De ce rapide exposé nous pouvons conclure qu'aucun pays, à l'heure actuelle, ne se trouve dans une situation satisfaisante au point de vue de la production agricole, cependant nous devons reconnaître qu'à côté de ces germes de malaise, il est d'autres éléments bienfaisants qui leur résistent, qui même se développent parallèlement à eux; une étude minutieuse des conditions de la production nous permettra seule d'isoler et de classer ces deux facteurs.

C'est cet examen que nous allons tenter d'opérer pour la France.

CHAPITRE V

§ 1. — Généralités

A la différence des pays dont nous venons de parler, la France se présente à l'observateur avec un caractère d'homogénéité remarquable ; si ses différentes régions varient par les cultures, elles sont toutes soumises à un régime identique ; les mœurs elles-mêmes, les coutumes, le genre de vie n'y diffèrent pas sensiblement du Nord au Midi, de l'Est à l'Ouest. La répartition de la propriété est à peu près la même partout.

Cette homogénéité est d'un puissant secours pour l'étude et l'observation des phénomènes d'économie rurale : elle permet d'échapper au danger, que nous avons signalé, des moyennes parfois téméraires des statistiques, et d'autre part, elle donne beaucoup plus d'importance à l'enquête, à l'étude monographique d'une partie du territoire si restreinte soit-elle, car les conclusions obtenues sont applicables, avec les précautions indispensables, à l'ensemble du pays.

D'après le résultat de l'enquête de 1892, la surface cultivée de la France est de 49.600.000 hectares répartis entre 5.672.000 exploitations, aux mains de 4.830.000 propriétaires, dont 1.309.000 non exploitants. Cet absentéisme du propriétaire a pour contre-partie, si on peut s'exprimer ainsi, l'émigration des travailleurs agricoles eux-mêmes vers les villes, et il faut noter que c'est le même but, la même attraction d'une représentation du bien-être, qu'ils jugent ne pouvoir goûter que dans les agglomérations urbaines, qui y attire et retient ces deux catégories de producteurs agricoles. Cette dépopulation des campagnes est une des caractéristiques de la situation actuelle de l'agriculture en Europe, elle est encore aggravée en France par la diminution du nombre de naissances.

Malgré la facilité d'observation donnée par l'unité d'aspect de l'agriculture française, on est loin d'être d'accord sur les causes de la crise qu'elle traverse.

Eliminant tout ce qui a un caractère exceptionnel, afin de mettre plus de clarté dans l'étude des détails de la vie agricole moderne, on voit cependant que ces causes peuvent rentrer dans cinq séries de *faits* bien délimités, mais d'une gravité et d'une intensité variables :

1° Les exigences croissantes d'une conception de plus en plus complexe, et souvent erronée, du bien-être, atteignant à la fois l'ouvrier agricole qui élève ses prétentions vis-à-vis du propriétaire, et ce même propriétaire en proie au même mal ;

2° L'endettement dérivant parfois des faits précédents, mais surtout de tentatives d'organisation de cultures selon le mode industriel, ou encore de la dévolution héréditaire rendant indispensable le partage des biens avec l'imposition de soultes ;

3° La spéculation, sous deux aspects : le gros fermage n'est plus un louage ordinaire, il est devenu une sorte de spéculation où domine le risque d'une bonne ou d'une mauvaise récolte, le fermier étant décidé en lui-même à tout abandonner en cas de mauvaise chance et le propriétaire consentant à courir ce risque plutôt que de prendre en main immédiatement son bien. Ce système démoralisateur est la plus grande entrave aux cultures rationnelles.

Ce fermier, de son côté, est exposé aux entreprises dangereuses des spéculateurs des bourses à denrées agricoles qui, même en cas de récoltes favorables, et s'aidant de la concurrence étrangère ou des variations du change, faussent le cours des prix ;

4° Le développement inégal du machinisme. Le perfectionnement des cultures, en général introduit par ce moyen dans les grandes exploitations, est également indispensable dans les moyennes et dans les petites, sinon celles-ci, même sur le marché local, se trouveront privées, par la concurrence des premières, de leurs débouchés pour tout ce qui excède leur production d'entretien. La production intensive en petit doit être simultanée à la production intensive en grand ;

5° La disparition des biens familiaux se suffisant à eux-mêmes dans la limite du possible ; véritable représentation du travail libre, et dont la reconstitution seule est de nature à faire renaître la *prospérité des classes* rurales et *du pays tout entier*.

§ 2

La vie de la nation procède en effet, à beaucoup d'égards, de la vie de la commune, aussi est-ce avec une grande précision qu'on peut dégager dans une unité de ce genre, la plupart des facteurs qui ont conduit un état à une situation donnée.

C'est là, en quelque sorte, un mode de preuve de l'exactitude des recherches trop générales des grandes statistiques. En localisant, en personnifiant pour ainsi dire les différents phénomènes, dont les grandes lignes nous sont indiquées par des observateurs devenus anonymes, on tend à diminuer le risque de perdre de vue les *faits*, pour se contenter de discuter sur des idées abstraites où la terminologie joue un trop grand rôle.

Dans ce but, tout en nous guidant sur des faits généraux recueillis dans le pays tout entier, nous avons fait porter nos recherches sur un canton de faible importance comme population et comme étendue, mais qui a l'avantage de présenter des spécimens de toutes les cultures et de tous les genres d'exploitations. On y récolte les produits des zônes méridionales, aussi bien que ceux des zônes alpestres, dans des propriétés qui vont du petit domaine résultant d'un extrême morcellement du sol, jusqu'aux grandes exploitations industrielles. Nous avons eu de plus l'avantage de pouvoir utiliser les renseignements mis à notre disposition par les diverses administrations financières, les autorités locales et les recherches faites sur nos indications, d'une façon méthodique, par quelques fonctionnaires de l'enseignement primaire (1).

Ayant pour principal objet l'observation de la crise agricole et son influence sur le bien-être des populations rurales, nous avons été amené à consulter directement le principal intéressé : le paysan ; besogne parfois ingrate, mais dont les résultats n'ont pas été sans nous surprendre souvent.

Elément réel. — Le caractère de la population tient

---

(1) Nous devons tout particulièrement remercier M. Blanc, conseiller d'arrondissement, maire de Trèves, ainsi que M⁰ Panafieu, notaire et M. Bourrier, instituteur, précieuses indications qu'ils ont bien voulu nous fournir, nous permettant ainsi de faire nôtre, pour cette partie monographique, le précepte de Montaigne : « Je voudrais qu'en tout subject chacun escrivit ce qu'il a veû et ce qu'il sait »

M. Chabrol, percepteur, dans un autre ordre de recherches, nous a facilité le dépouillement des documents de son bureau.

beaucoup à sa situation géographique. — *Le canton de Trêves*, quoique faisant administrativement partie du département méridional et méditerranéen du Gard, dépend géographiquement de la région du *Massif central*, et forme une enclave dans le département de la Lozère et celui de l'Aveyron. Cette région, moins élevée que les Alpes, est beaucoup plus importante dans la vie générale de la nation française ; elle dirige ses eaux à l'Océan, par la Garonne, la Loire et la Seine ; à la Méditerranée par le Rhône et ses affluents ; elle envoie en même temps à la France entière des habitants de race primitive, rustiques, robustes, endurcis par le sévère climat des montagnes. Le tableau des naissances et des décès, atteste d'ailleurs l'extrême vitalité et la qualité de l'élément personnel que la production agricole devrait y avoir à sa disposition, mais que, malheureusement, elle ne peut pas toujours retenir auprès d'elle.

Les brusques changements d'une température très variable à des distances rapprochées, jointes à la différence d'altitude et d'exposition, permettent de voir trois séries d'aspects de la production agricole :

1° Les petites vallées du Trévezel et du Bonheur, très fertiles, très divisées, soumises à la culture familiale ;

2° Le plateau du Causse, labourable, d'une fertilité médiocre mais se prêtant, grâce à certaines particularités, à de grandes exploitations qui peuvent utilement être secondées par le machinisme ;

3° Les pentes qui conduisent des vallées aux plateaux, absolument impropres à toute culture, mais précieuses cependant pour la pâture d'importants troupeaux de brebis et de moutons, entretenus par l'industrie fromagère, procurent en même temps du bois de chauffage et d'assez importantes récoltes de truffes recherchées par des chiens dressés à cet effet.

L'isolement de cette région, les difficultés de communications en ont fait un des derniers refuges de la vie primitive. Les vestiges de l'existence de l'homme à l'âge de la pierre taillée puis de la pierre polie y abondent.

Élément personnel. — Protégés par leur isolement même (1), ayant un refuge facile dans de profondes forêts ou en des repaires inaccessibles à un assaillant, les habitants, pendant la période troublée de l'invasion sarrasine et de la guerre anglaise, réussirent à conserver leur nature propre, et il n'est pas difficile encore aujourd'hui de découvrir, parmi les cultivateurs, des types parfaits du gaulois et du celte au front proéminent, à la moustache tombante et aux robustes épaules.

Rebelle à l'introduction des nouveaux éléments, le canton ne devait pas ressentir aussi vivement les conséquences des modifications souvent violentes qu'ils auraient apportées, mais il en a conservé à un haut degré cet esprit trop répandu en France, de résistance au progrès, même méthodique et lent, indispensable au développement de la prospérité générale.

Organisation de la famille. — La famille seule a bénéficié de cet état de choses. La puissance du chef de famille, qui n'est pas neutralisée par les influences extérieures des agglomérations plus importantes, y est restée indiscutée. Le rôle de la femme, tant au point de vue matériel qu'au point de vue intellectuel, est tout à fait secondaire : sa part dans la direction de la famille, est extrêmement faible

(1) C'est la sécurité offerte par cet isolement qui avait fait choisir Trèves comme lieu de retraite par Sidoine Ferréol, préfet des Gaules, au moment de l'invasion des Visigoths, 450-451-452.
Histoire générale du Languedoc, par les bénédictins de St-Maur. Tome I. 1730, page 195 et suiv.

et elle n'est généralement pas l'objet des prévenances que lui ménage une société plus policée. Il n'est pas rare, par exemple, de voir deux hommes se réunir à l'auberge de leur résidence pour y manger le produit d'une chasse heureuse, alors que dans leurs maisons voisines, les femmes et les enfants se contentent du très maigre ordinaire quotidien.

Cette autorité du chef de famille a entraîné une conséquence qui se manifeste dans toutes les sociétés : la dévolution au *fils aîné* des droits du père défunt. La pénétration, de jour en jour plus grande, des lois, a nécessairement restreint l'avantage attaché à cette dévolution en le limitant au seul préciput autorisé sur les biens des pères et mères ; mais, particularité assez rare en France, le père use *toujours* de la faculté que lui accorde la loi d'avantager son premier-né mâle ; disposition d'ailleurs très discutable, quant à ses résultats ordinairement malheureux pour l'enfant qui en est l'objet, ainsi que nous le verrons plus loin.

Un autre résultat de la prépondérance du chef de famille est l'adoption presque constante du régime dotal *général* par les futurs époux : l'administration directe par la femme s'accommoderait mal en effet avec l'autorité indiscutée du mari.

Ainsi unie par des liens d'autant plus solides qu'ils sont traditionnels, la famille forme une force d'une si grande puissance qu'elle parvient parfois à des résultats surprenants comme dépense de travail, malheureusement bien disproportionnée avec les profits obtenus.

Genre de vie. — Les familles de 5 à 7 enfants forment le plus grand nombre et le travail de chacun est utilisé le plus tôt possible. La naissance d'un enfant, loin de constituer une charge, ce qui est malheureusement le cas des populations industrielles, est considérée comme

l'arrivée d'une nouvelle recrue de la petite troupe tra-
vailleuse. Si les manifestations de ce sentiment ne revêtent pas toujours la forme délicate dont aiment à les
parer les flatteurs de la vie champêtre, elles n'en sont
pas moins une des beautés de cette vie normale à laquelle il ne faudrait qu'un peu de développement de
l'élément intellectuel pour présenter le spectacle réconfor-
tant de *la vie pour la vie*.

La pureté de l'atmosphère et des eaux est une des
causes de la bonne situation sanitaire du pays. La nourriture, extrêmement frugale, est prise soit sur le lieu du
travail, soit dans la maison trois fois par jour ; elle consiste : à 6 heures du matin, en une « aillade » d'eau
bouillie avec de l'ail et des pommes de terre salées ; à
9 heures 1/2, une soupe de lard accompagné de légumes ;
à 6 heures du soir, une soupe de même nature et un
morceau de porc bouilli. Le tout est consommé avec
une forte proportion de pain fourni par le blé récolté
dans la propriété et porté au boulanger local qui,
moyennant une redevance annuelle de deux francs par
tête de la famille, consent à opérer une cuisson hebdomadaire. Le prix de cette nourriture revient à peu près
à 1 fr. 25 par personne : il augmente légèrement au temps
de la moisson où la besogne plus fatigante exige une
alimentation réparatrice. L'intervalle entre chaque repas
régulier est alors coupé par un « goûter » composé de
vin, bu dans des vases de bois très curieux, de lait caillé
et de pain.

Le repos hebdomadaire est rigoureusement observé, mais
une transformation complète se manifeste depuis une
dizaine d'années dans les récréations auxquelles était
consacrée cette journée. Les bals de jeunes gens ont disparu et ont fait place, pour les garçons, à des stations
dans les cabarets ; pour les jeunes filles, à de longues

promenades qui servent de prétexte à l'étalage de toilettes créées « à l'imitation des villes ». Malgré son caractère superficiel, l'observation de ce fait dénote l'invasion de deux fléaux qui, après avoir réduit le prolétariat des villes à la situation lamentable que l'on sait, *tendent* à sévir dans les campagnes : l'alcoolisme et l'abus des succédanés du luxe. C'est contre ces deux tendances qu'il doit être fait, dans la France entière, une résistance énergique, car elles sont deux des facteurs les plus dangereux de la crise en occasionnant une *dépense inutile* de force physique, d'intelligence et de numéraire.

Pour la région cévenole, nous attribuons ces défauts à la conception nébuleuse du bien-être que se forme le cultivateur. C'était encore, il y a bien peu de temps, le cheminement inconscient de la vie naturelle dans une laborieuse tranquillité ; mais peu à peu cette idée se précise, non pas dans le sens d'une conscience plus nette de ce bien-être *normal*, mais de celui qui se personnifie dans la satisfaction de besoins factices, enivrants et dont le principal but est de faire oublier les ennuis inévitables de la vie présente.

Cette recherche de satisfactions factices est combattue, depuis quelques années, par le développement de l'enseignement primaire. Il suffit aussi, dans un petit village, d'une maison bien dirigée pour donner un exemple suivi aux autres habitants. Quand le cultivateur, rentrant chez lui, retrouvera un bâtiment modeste mais badigeonné de frais, que les cuivres étincelleront, les meubles reluiront, que des rideaux blancs orneront les fenêtres, il ressentira une impression d'aisance et de satisfaction qui lui révélera où se trouve le véritable bien-être. Les heures de loisir trop souvent gaspillées, il les consacrera bientôt à des travaux d'enbellissement et d'hygiène et il s'apercevra avec étonnement du résultat bienfaisant d'un

travail quotidien d'une demi-heure consacré, à ces me-
nus soins abandonnés à une femme chargée de besogne.

C'est là, en effet, une des tristesses de nos campagnes,
une des causes qui éloignent ceux de ses enfants qui
ont aperçu dans les villes un genre de vie moins primitif. Ce qui domine dans les défauts des habitations des
paysans (1), c'est l'absence d'air et de soleil, les ouvertu-
res sont réduites au minimum ; à ces habitations peut
s'appliquer le précepte persan : « là où le soleil et l'air
ne pénètrent pas. le médecin entre souvent ».

Donc, d'une part, recherche de satisfactions identiques
à celles des villes ; de l'autre, ignorance du bien-être
intellectuel et matériel, telle est la situation de l'agriculteur des régions de montagne sensiblement plus mauvaise que dans les pays de plaine.

Répartition des exploitations. — En principe, le faire-valoir domine dans la petite propriété et la moyenne, le
fermage dans la grande. Le canton de Trèves présente,
à ce point de vue, une image réduite de ce qui existe
dans le reste de la France.

Le service des baux et des locations verbales nous
donne comme chiffre global, pour ses six communes, les
résultats suivants :

1º Exploitation qui ne sont pas aux mains de leurs
propriétaires :

```
     2 d'un loyer supérieur à 5.000 fr. pour 12.000 fr.
     6         id.          3.000     id.  24.000
     2         id.          2.000     id.   5.000
    21         id.          1.000     id.  31.500
    15         id.           500      id.  11.200
    31         id.           100      id.   9.300
    40 d'un loyer inférieur à 100      id.   3.500
   ───                              ────────
   117                                96.500
```

(1) Rapport de M. Brouardel à l'Académie de médecine, 12 janvier 1898.

ll y a lieu de remarquer que les propriétaires doivent, de gré ou de force, subir une forte réduction sur ces chiffres (1) par suite des menaces qui leur sont faites d'abandonner leur exploitation, accident d'ailleurs assez fréquent. Pour l'une des plus importantes (M...., 3.800 fr.) le propriétaire a dû reprendre lui-même son bien pour ne pas le voir mis au pillage par les valets, après la fuite du fermier.

2º Sur 972 hommes se livrant à l'agriculture, 720 sont *chefs* de *petites exploitations* entretenues uniquement par le travail de la famille ; quant aux fermiers, la plupart ont d'autres biens voisins qu'ils font valoir en même temps ; le même fait se reproduit pour les journaliers : sur 183 ouvriers, 113 sont propriétaires de petits champs d'entretien qui ne sont pas les moins soignés ni les moins productifs. Il n'y a, comme travailleurs sans lien de propriété avec le sol que 14 fermiers, les plus importants, et 70 journaliers.

Le peu de fertilité d'une partie d'un territoire y engendre la création de très grands domaines. Ce phénomène s'est produit sur le plateau du Causse-Noir où se trouvent les exploitations les plus importantes. Voici, d'après les documents de l'administration des contributions directes, la répartition de ces propriétés avec la ventilation en hectares de la surface *utile*.

---

(1) Nous avons noté la diminution de certains fermages; à St-Sauveur : X..., loue en 1877 : 3,240 fr., en 1897 : 2.900 fr. à Lanuéjols, N..., loue en 1883 : 4.500 fr., en 1896 : 3.840 fr.; B..., loue en 1872 : 4.530 fr., en 1885 : 3.380 fr., etc.

	Nombre	Surface labourable	Prairies
Inférieures à 1 hectare	287	147 hect.	43 hect.
de 1 hect. à 5 hect.	241	679	155
5 à 10	149	665	447
10 à 20	83	536	778
20 à 30	58	541	547
30 à 40	46	418	709
40 à 50	39	434	792
50 à 100	41	768	1.048
100 à 200	21	926	1.181
200 à 300	8	494	933
300 à 500	4	264	430
500 à 1000	1	200	300
Soit.	978	6.072	7.403

Le surplus est couvert soit par des forêts (3.300 hect.), soit par de vastes espaces déserts (2.300 hect.) sur lesquels sont concédés des quartiers de défriches dits issards ou enfin par de la vigne et des jardins (22 hect).

Les caractéristiques du pays au point de vue matériel sont donc :

1º Petits propriétaires très nombreux ;

2º Grandes propriétés *affermées* ;

3º Importance des prairies naturelles.

Les auxiliaires de la production. — Le personnel d'exploitation comprend, en premier lieu, des domestiques, mais en faible nombre, vu la prédominance du petit faire-valoir. Le contrat de travail, de la forme la plus primitive, est verbal et, sauf pour les exploitations du Causse-Noir, il n'est jamais que de très courte durée. Le grand nombre des enfants permet aux petits propriétaires de ne recourir à des auxiliaires qu'au moment des travaux de la moisson. Certains même échelonnent leurs opérations afin de se prêter mutuellement l'aide de leur travail et éviter des frais onéreux de main-d'œuvre : particulièrement dans la commune de Trèves.

Dans la commune de Lanuéjols (Causse) il ne peut en être ainsi ; les bergers, les servantes et les ouvriers sont pris parmi les habitants du pays d'une situation très modeste dont les exigences croissent tous les jours. Voici quelques chiffres relatifs à cette commune :

JOURNALIERS

	Salaires vers 1880	Salaires actuels 1897-98
Eté, nourris........	2.50	2.60
id. non nourris....	3.15	3.50
Hiver, nourris	1.45	1.55
id. non nourris .	2.15	2.45

DOMESTIQUES

	en 1880, par an	en 1897, par an
Maîtres valets	350 fr.	380 fr.
Laboureurs	263	300
Bergers	244	300
Servantes	180	200

Mais le concours des travailleurs locaux est insuffisant aux mois d'aout-juillet pour les travaux des champs ; il se produit à cette époque une véritable immigration de *moissonneurs* originaires du Languedoc, de Provence, ou même d'Italie ; il n'en monte pas moins de cinq cents à Lanuéjols, porteurs de leurs outils. Ils se refusent en effet, absolument à utiliser les machines que mettent à leur disposition les deux propriétaires principaux de la région, soit pour faucher, soit pour battre le blé. Ce n'est que tout récemment, grâce à l'intervention de la gendarmerie, qu'on parvint à substituer la moisson à la faux, à la moisson à la serpe. Quant au dépiquage, il s'opère au moyen de rouleaux ou, comme dans la Grèce ancienne, sous les pieds des chevaux et des bœufs. Le maintien de ces pratiques surannées n'est pas sans influence sur la situation malheureuse de ces exploitations qui voient les prétentions de leurs auxiliaires augmenter à mesure que diminue le produit net de leurs ter res.

En dehors de ce personnel, se trouve une catégorie de travailleurs qui ne sont, dans certains cas, ni propriétaires ni ouvriers. Le canton présente différentes sections encore en friche, soit du fait de l'incendie d'anciennes forêts, soit par suite de difficultés de communication. La diminution du produit des terres en culture a donné l'idée d'utiliser ces surfaces improductives. Mais au lieu de faire opérer ce travail directement, le propriétaire abandonne temporairement son bien à un tiers, à charge de le mettre en état: c'est le système dit « *des défriches* ». Le défricheur défonce l'épaisse couche de gazon imperméable qui recouvre le sol de son quartier, mêle à cette herbe les ronces et les branchages environnants et incendie le tout, pratiquant ainsi l'écobuage primitif fertilisant ; il sème du blé les trois premières années: les 2/3 de la récolte lui restent de droit, le 1/3 du surplus revenant au propriétaire du fonds. La quatrième année, on ensemence en avoine, enfin la cinquième année, ce fonds revient purement et simplement au propriétaire sans droit quelconque pour le défricheur. Ce dernier ne fait pas d'ailleurs une mauvaise spéculation, car le rendement des premières années dépasse dans ces conditions 1-10, 1-7 pour tomber et rester la 3e année et les suivantes à 1-5.

§ 3. — **Les manifestations de la crise. Ses causes et ses résultats.**

La baisse générale des prix de vente des produits agricoles, venant s'ajouter à l'augmentation du coût de la production, a atteint d'une façon très inégale les différentes classes de producteurs et s'attaque principalement aux grosses exploitations.

Une crise d'une nature spéciale s'est greffée sur ces divers germes de malaise.

La principale industrie de la région des Causses est la préparation des fromages dits de Roquefort. Jusqu'à ces dernières années, ce fut une source d'enrichissement pour les grandes fermes de la commune de Lanuéjols où on entretenait un nombre considérable de brebis et de moutons, triplement productifs par leurs toisons, leur lait et leur fumier.

Aujourd'hui, cette prospérité est gravement compromise, à la suite d'un ensemble de faits auquel on a donné, dans le pays, le nom de *crise du Roquefort*. Ce fromage, universellement connu, était obtenu jadis en quantités relativement petites, dans les caves qui environnent Roquefort. Peu à peu, la vogue croissante de ce produit a encouragé les producteurs qui ont cru devoir recourir, pour la fabrication, à des procédés accélérateurs dont le résultat a été tout autre que celui qu'on en attendait.

Cette fabrication comprenait jadis deux phases :

1° La confection du fromage salé de lait de brebis, dans lequel était distribuée une petite quantité de pain moisi qui devait fournir, dans la suite, les marbrures caractéristiques du fromage de Roquefort. Le fromage frais était préparé dans chaque ferme et transporté ensuite dans les *caves* de spécialistes, aérées par des courants naturels de la montagne, où, après un séjour de 3 à 4 mois, surveillé par des ouvrières appelées cabanières, il se trouvait à point.

Aujourd'hui ces procédés ont été modifiés, du moins en ce qui concerne les puissantes sociétés anonymes de Roquefort. Au procédé naturel du séjour en cave et du pain moisi a été substituée une préparation plus rationnelle, au point de vue scientifique, mais dont le plus grand défaut, disent les appréciateurs, a été l'atténuation sinon la disparition d'une partie de l'arôme spécial à ce fromage ; d'où une diminution considérable dans la demande et une baisse des prix, la conservation n'en étant assurée que pour un an. Depuis 6 ans, le prix du quintal frais (50 kilogs) est successivement tombé de 70 francs à 50 francs, puis 40 francs, et le fromage préparé, de 120 francs à 90 francs les 50 kilogs.

En vue de faciliter l'application uniforme des procédés nouveaux, les sociétés ont créé dans toute la région, des *laiteries centrales* où le cultivateur qui, jadis, préparait lui-même le fromage qu'il remettait ensuite à la cave, apporte, maintenant, seulement son lait ; il y a préjudice pour lui, car il obtenait autrefois du « petit lait », qui facilitait l'élevage des porcs et, d'autre part, le transport de ce lait qui doit être beaucoup plus fréquent que celui du fromage, lui occasionne une perte de temps considérable. Ce transport même, dit-on, n'est pas sans influence sur la qualité du fromage obtenu, le parcours effectué n'étant souvent pas inférieur à 15, 20 et même 40 kilomètres. Enfin, toute une catégorie de très petits propriétaires qui n'utilisaient pas le lait *en vue du fromage*, l'apportent maintenant aux « *laiteries* » voisines, de sorte qu'il y a surproduction, d'où baisse des prix.

Ces résultats ne seraient pas à déplorer, semble-t-il, si les propriétaires, au lieu de se contenter de vendre leur lait au prix qui leur est offert, avaient formé entre eux une Société générale de coopération, ayant son centre dans le pays même (les caves naturelles y existent en quantité suffisante) et qui se serait attachée à l'unique production *soignée*, par les moyens traditionnels, ainsi qu'en fournissent un exemple les fromageries de Sonthofern ne Allemagne.

Cette question a donné lieu à une discussion approfondie devant la Société nationale d'agriculture (9 Novembre 1897), au cours de laquelle, tout en notant l'influence de la concurrence faite aux produits des Cévennes par le Camenbert et les autres fromages fermentés, on a dû reconnaître que le vrai motif de la crise est qu'en voulant étendre la fabrication, la qualité des produits n'est plus restée la même et que, par suite, le public les recherche moins.

La sécheresse a encore aggravé la situation du cultivateur, par suite de l'altitude élevée du Causse noir (800 à 900 mètres en moyenne) qui ne lui permet pas de conserver des réserves d'eau suffisantes.

Dans ces conditions défavorables, le paysan supporte difficilement les charges nombreuses qui pèsent sur lui, et particulièrement la plus lourde de toutes, *les emprunts*.

La France est relativement favorisée, en ce sens que l'usure n'y est pas pratiquée d'une façon aussi générale que dans les autres pays d'Europe: l'Allemagne et l'Italie par exemple. Mais, dans ces derniers pays, le remède est né en quelque sorte de l'excès du mal, en suscitant tout un ensemble de réformes ingénieuses destinées à faciliter les prêts de faible importance.

Par contre, pour les gros emprunts, destinés surtout à des dépenses productives ou à l'acquisition même des fonds, leur chiffre élevé : 14 milliards, suffit à démontrer combien lourdement ils influent sur le coût général de la production.

Par une particularité assez rare, les pays montagneux des Cévennes réalisent la plupart de leurs emprunts au moyen de billets à ordre sans garantie hypothécaire; c'est

en quelque sorte le fonctionnement du crédit personnel
mais sur des objets que les réformateurs n'entendent
pas généralement faire rentrer dans les opérations de
leurs caisses agricoles.

L'origine de ces dettes se trouve souvent dans des dépenses purement somptuaires, provenant soit d'habitudes
contractées à la ville, soit des relations avec certaines
personnes qui viennent passer l'été dans le pays, en vil-
légiature, et dont l'exemple est un entraînement au
gaspillage enfantin de toutes les ressources réalisables.
Trois exemples très frappants ayant abouti à une décon-
fiture complète, ont été observés par nous dans un espace de temps très restreint et portaient sur des exploitations d'une valeur vénale de 25.000 à 100.000 francs.
De simples accidents dans la production, l'infériorité
d'une récolte suffit pour compromettre d'une façon irrémédiable les propriétaires poursuivis par l'échéance des
effets souscrits, transformés en ce moment en obligations
hypothécaires, enflées des intérêts non payés et calculés
largement par le créancier inquiet. De ce jour, tout espoir de relèvement doit être abandonné. Le malheureux
est exploité par toute une catégorie d'individus, particulièrement certains marchands de bestiaux : le propriétaire obéré est, par exemple, sollicité d'acheter à 450 fr.
un bœuf maigre qu'il s'engage à payer dans 6 mois. A
l'échéance il se trouve naturellement dans l'impossibilité
de régler : le marchand *consent* alors à reprendre l'animal,
nourri pendant 6 mois et engraissé, moyennant 455 fr.
Ce genre d'usure est fort répandu non seulement en
France, mais surtout à l'étranger ; M. Blondel en a re-
levé plusieurs exemples dans son enquête sur l'Allemagne agricole.

Il ne faut cependant pas confondre ce mode de crédit
déplorable avec une autre opération très fréquente : la

vente à terme d'une vache, au mois de mars, moyennant 250 fr. et son rachat par le maquignon en novembre, après le lait, pour 150 fr. L'acquéreur évincé doit bien payer 100 fr. sans retenir l'animal, mais en revanche, il a eu le fumier, le veau, le lait, qui sont d'une valeur supérieure à la somme exigée.

L'emprunt peut avoir une autre origine plus honorable, mais dont les conséquences sont aussi désastreuses. Il est alors la conséquence du legs préciputaire fait au fils aîné et dont nous avons déjà parlé. Toutes les fois qu'il s'agit d'une propriété d'un seul tènement, il est d'usage de la laisser aux mains de l'aîné, déjà propriétaire de la plus grande partie, à charge d'une soulte. N'ayant pas de numéraire disponible, l'aîné emprunte pour la payer et grève d'autant son immeuble, alors que ses frères et sœurs sont à même d'acheter des biens, petits il est vrai, mais libres de toute charge de ce genre.

Nous avons réuni ci-contre, dans un tableau unique, les renseignements fournis par les archives du bureau de l'enregistrement de Trèves, sur le mouvement simultané des acquisitions avec ou sans soulte, et des emprunts depuis 1884.

ANNÉES	VENTES immobilières		SOULTES de partage		EMPRUNTS Chirographaires		EMPRUNTS hypothécaires		QUITTANCES (actes notariés)	
	Nombre	Valeur	Nombre	Valeur	Nombre	Valeur	Nombre	Valeur	Nombre	Valeur
1884	64	80.000	11	15.000	461	150.000	10	16.600	19	16.000
1885	44	50.000	16	37 000	468	160.000	15	6.600	30	26.000
1886	32	30.000	13	22.000	544	218.000	11	16.600	12	88.000
1887	37	90.000	17	28.000	477	168.000	13	29.900	13	26.000
1888	42	92.000	12	23.000	417	128.000	23	29.700	13	25.000
1889	45	94.000	18	37.000	301	104.000	30	27.900	22	44.000
1890	78	140.000	15	30.000	553	180.000	33	27.600	38	64.000
1891	82	141.000	12	30.000	548	174.000	37	28.800	68	56.000
1892	63	105.000	14	36.000	386	134.000	36	50.700	33	70.000
1893	40	90.000	14	15.000	508	136.000	50	64.500	54	92 000
1894	62	85.000	12	15.000	382	134.000	27	17.300	40	71 000
1895	67	140.000	20	37.000	459	150.000	21	34.200	26	62.000
1896	53	80.000	8	15.000	495	162.000	22	17.800	27	52.000
1897	47	65.000	8	18.000	384	134.000	30	45.200	44	66.000

Ces chiffres ont été obtenus par la méthode à laquelle
nous faisons allusion au chapitre III : le montant des obligations hypothécaires tarifées à 1 fr. 25 0/0 est facilement
donné en divisant le total perçu annuellement par 1 fr. 25 et
en le multipliant par 100 ; il en est de même pour les quit-
tances (0 fr. 63 1/2 0/0) et les ventes et licitations (6.88 0/0
et 5 0/0).

Quant aux dettes chirographaires, l'opération est plus
délicate et la généralisation du procédé plus difficile : le
canton étant essentiellement agricole et éloigné de toute
agglomération urbaine, le *papier* timbré proportionnel à
0.05 0/0 débité, ne sort pas sensiblement de la circons-
cription du bureau : en divisant l'impôt perçu annuellement de ce chef par 0 fr. 05, on aura le nombre de fractions de 100 francs qui ont *pu* être souscrites. Mais il y a
lieu de tenir compte de la diminution résultant de l'arrondissement obligatoire par 100 fr. (un effet de 150 francs par

exemple devant être écrit sur une formule à 0.10). Après un pointage minutieux, nous avons cru pouvoir fixer ce déchet à 20 0/0. Le montant total souscrit sera donc obtenu en multipliant par 80 le résultat de la division ci-dessus.

Ces emprunts chirographaires sont contractés ordinairement pour cinq ans, le montant annuel étant 140.000 francs, le total en circulation serait de 700.000 francs, en supposant les remboursements régulièrement effectués à l'échéance, ce qui est loin d'être en fait, car nous avons eu assez fréquemment à enregistrer, en vue de poursuites, des billets datant de 1877-1880-1882 soit de 16 à 20 ans. Le service de cette dette est d'environ 45.000 francs.

Loin de s'améliorer, la situation tend de plus en plus à s'aggraver par la raison que ces intérêts, impossibles à régler en numéraire font l'objet de nouveaux effets ; en dernière analyse, le malaise arrive à l'état aigu chez l'emprunteur, et le prêteur de son côté, est rémunéré en une sorte de monnaie fiduciaire très aléatoire.

Par suite de l'obligation imposée aux fermiers de payer l'impôt foncier, *l'incidence des impôts* porte définitivement sur le canton, ils s'élèvent en moyenne :

Contributions indirectes	6.000 fr.	
Contributions directes	42.600	61.600 fr.
Enregistrement et timbre......	13.000	

Mais il y a lieu de remarquer que sur cette somme, 25.000 fr. environ sont distribués annuellement aux habitants, sous forme de salaires pour journées d'ouvriers dans les reboisements de l'Etat. Les mandats délivrés à cet effet par l'administration des forêts, circulent même, acquittés, dans le canton, comme une monnaie courante.

La charge de l'impôt est sensiblement égale à celle des emprunts, mais son caractère obligatoire en fait pa-

raître le poids plus lourd pour les populations ; ce sentiment est, du reste, encouragé par toute une catégorie
de publicistes qui trouvent là un aliment facile à de
violents réquisitoires contre un adversaire obligatoire-
ment muet. Les droits sur les mutations à titre onéreux
d'immeubles ont particulièrement appelé les critiques ;
ce droit est de 6 fr. 88 0/0 (décimes compris), moyennant
quoi la transcription est opérée, sans autre droit proportionnel, au bureau des hypothèques qui assure à l'acquéreur
sa propriété contre les tiers. En fait, ce n'est pas une
entrave à la circulation des biens ruraux qui bénéficient
d'ailleurs de tarifs de faveur : 0 fr. 25 0/0, pour les échanges. Il y a lieu de tenir compte aussi, en cette matière,
d'une pratique qui atténue dans une forte proportion la
charge de l'impôt ; nons voulons parler de la dissimu-
lation d'une partie du prix, vis-à-vis du fisc ; cette pratique a pris un développement extraordinaire dans les
ventes rurales, par suite de la sanction illusoire des
expertises. Cette fraude varie entre 1/5 et 3/5 du prix ;
nous avons eu en mains des actes de ce genre où
le prix indiqué était 800 francs, alors qu'il avait été
payé 1.400 francs ; le même fait se produit dans les
déclarations de succession. Un des individus les plus
aisés d'une commune éloignée où le contrôle est par
suite difficile, n'aurait eu pendant sa vie que 300 francs
de revenu, charges non déduites. Il nous revient une
omission du même genre dans la succession d'une per-
sonnalité laissant plusieurs millions et qui n'aurait eu,
d'après ses héritiers, ni ameublement intérieur, ni montre,
ni voiture.

Ces pratiques sont déplorables, il faut le reconnaître,
car elles font porter tout le poids de l'impôt sur les contribuables sincères. Loin cependant de vouloir voir aggraver les sanctions, ou perfectionner les procédures d'ex-

pertises, il nous semble que le remède est dans l'évaluation permanente et périodique de tous les biens ruraux. L'assiette ainsi établie, servirait de base aux perceptions ; nous sommes persuadé que le développement de la matière imposable qui en résulterait, permettrait une diminution du tarif, et, d'autre part, ferait cesser les discussions délicates qui mettent continuellement aux prises les contribuables et les agents du Trésor fort peu armés pour ce rôle par les textes légaux.

Cette réforme de la base de l'impôt des mutations, et la déduction des dettes, sont les deux seules réformes dont on puisse raisonnablement attendre un heureux résultat pour les populations rurales.

Les contributions directes, ainsi que le fait ressortir le tableau ci-dessus, sont beaucoup plus élevées que l'ensemble des impôts indirects ; mais sont réparties d'une façon beaucoup plus générale. En voici le détail pour le canton exclusivement rural qui a servi de base à cette partie de notre travail :

```
Contribution foncière bâtie......   2.394 fr.
     —            —      non bâtie..  23.808    (dégrevée en 1897 de 2.569 fr.)
     —       personnelle mobil..   5.041
     —       portes et fenêtres.   2.861
Patentes (marchands de fromages)   1.600
Prestations....................   5.568
```

La loi du 21 juillet 1897 a tenté d'apporter une atténuation à cette charge, en ordonnant un dégrèvement de 25 millions. Cette opération, tout en creusant dans le budget un déficit important, ne donne que des résultats insignifiants : dans la réunion de Trèves, le dégrèvement atteint 2.569 francs pour 603 contribuables sur 963. Il faut reconnaître cependant que l'esprit de la mesure est d'une heureuse originalité : c'est le premier pas de notre législation fiscale vers la progression des tarifs. Mais elle démontre aussi qu'en matière fiscale, tout dégrèvement n'a d'influence bienfaisante que s'il est définitif, c'est-à-dire s'il est corrélatif à une diminution des dépenses budgétaires et si une compensation n'est pas demandée à une autre branche de l'activité de la nation.

DEUXIÈME PARTIE

ESSAI DE CLASSIFICATION DES CAUSES DE LA CRISE

CHAPITRE I

CAUSES DE LA BAISSE DES PRIX

§ 1. — Variations des éléments de l'échange

La première explication d'une dépression des prix (1) qui se présente à l'esprit d'un observateur non prévenu, est qu'elle résulte du fonctionnement de la loi de l'offre et de la demande, de la concurrence pure. Il est dangereux d'adopter cette proposition dans son apparente simplicité, car c'est cet aspect même qui a amené dans l'organisation de la défense des prix, les mesures les plus dangereuses et les plus contradictoires.

On a trop négligé de distinguer les *faits* de leurs *manifestations*. Si, dans l'ordre des phénomènes physiques et naturels, les mêmes causes engendrent toujours les mêmes effets (si bien qu'on ne peut concevoir la vapeur sans chaleur), il n'en est pas de même dans une certaine mesure, en matière d'échange, car, entre la cause et ses résultats apparents, l'influence de l'homme se donne libre cours et peut temporairement fausser cette manifestation.

Les trois grandes branches de la production agricole :

1º Les céréales ;

2º L'élevage ;

3º Les cultures industrielles ;

ont été tour à tour l'objet de fluctuations de ce genre.

(1) Rapport de M. Méline à la Commission des Douanes. *J. O.* Documents parlementaires 1891, page 5.

(A) *Céréales.* — Dans le commerce des blés, ce mouvement est si considérable, qu'il a nécessité, de la part de plusieurs États, l'adoption de mesures législatives spéciales en vue d'y ramener un peu de calme et de régularité. Malheureusement, la plupart des réformes économiques tentées dans ce but, semblent inspirées par l'idée que la baisse des prix est occasionnée par la surproduction. Or, c'est là une erreur.

Grâce aux nombreux documents de statistique que font établir les gouvernements dans un but fiscal ou scientifique, il est relativement facile de déterminer, pour le monde entier, l'ensemble probable de l'offre et de la demande. La récolte annuelle du blé dans l'Univers est de 800 à 900 millions d'hectolitres ; la population est d'environ 1.500 millions d'habitants, ce qui fait 60 litres par tête ou 45 kilogs de pain par an, soit 127 grammes par jour ; mais il y a lieu de tenir compte des populations qui ne consomment pas cet aliment, soit les deux tiers ; il reste une offre de 371 grammes de pain par homme et par jour (1).

Or, quelle doit être la consommation normale du pain ? La ration du soldat français (2) est établie sur les bases suivantes, en temps de paix : 1.000 grammes de pain (750 grammes de pain de munition et 250 grammes de pain de soupe), 350 grammes de viande, 290 grammes de légumes frais, 100 grammes de légumes secs, plus une demi-ration de sucre et de café. Les décisions ministérielles des 19 mai et 17 octobre 1890, ont augmenté la ration des camps, de manœuvre et de campagne ; la ration du soldat, en temps de paix, est en effet un minimum pour l'homme qui travaille. Mais elle contient de la viande, or, la viande est ordinairement moins abondante que le pain : il y a encore des populations pour qui, manger de la viande fraîche est un

(1) *Revue encyclopédique,* 16 cotobre 1897.
(2) **Laveran.** *Traité d'hygiène militaire,* passim.

évènement. D'après l'enquête agricole française de 1882,
la consommation de la viande serait annuellement de 28
kilogs par tête, soit 77 grammes par jour, dont la plus
grande partie est consommée dans les villes.

M. Dubost, prenant comme type la ration du parisien
en 1881, qui était de 420 grammes de pain et 250 grammes
de viande non compris les œufs, le fromage, le beurre, le
poisson dont il est plus abondamment pourvu que l'habitant de toute autre partie de notre territoire, trouve qu'en
poids, son alimentation contient 83 grammes de matières
protéiques. En admettant que la consommation moyenne
d'un français fut de 100 grammes de viande par jour, il
faudrait un poids de 900 grammes de pain pour lui assurer,
sous ces deux formes, le même poids de matières protéiques
qu'au parisien. En estimant donc à 700 grammes de pain la
ration quotidienne de chaque individu, on est plutôt au-
dessous qu'au-dessus de la vérité (1).

Il y aurait donc aujourd'hui un être humain sur deux,
privé de pain *de froment* ; en France, cette proportion est
actuellement de un pour. cinq.

Ces chiffres démontrent surabondamment qu'il n'y a
pas surproduction ; ce qui tend à fausser l'aspect réel des
faits dans cet ordre d'idées, c'est le développement énorme
de la production dans certains pays, depuis quelques
années. D'autre part, le perfectionnement des moyens de
transport amène quelquefois, sur un marché déterminé,
une quantité de marchandises ne correspondant pas avec
les besoins *locaux*.

Il est assez délicat de déterminer d'une façon suffisamment précise, les motifs de ce développement subit de la
production du blé. La disparition des greniers de Rome,
administrativement approvisionnés par les grandes cultures

(1) Yves Guyot. *le Blé et le Pain.* au XIX· siècle.

de l'Afrique du Nord, la déchéance agricole de la Sicile, les invasions turques sur les rives de la mer Noire, la ruine de Venise, ancien marché régulateur de l'Europe méridionale, ont maintenu le monde ancien pendant plusieurs siècles, dans un état de gêne continuel qui se transformait facilement en disette. Or, il est démontré que ce dernier accident amène un développement souvent exagéré de la culture des céréales. Roscher cite comme exemple l'encouragement donné à la production, par les prix élevés que les blés atteignirent pendant la disette de 1816-1817 ; mais une campagne extrêmement prospère ayant succédé, en 1819-1820, à cette période, il en résulta un effondrement des prix et la ruine d'un grand nombre de propriétaires qui n'avaient pu amortir les dépenses et les emprunts de premier établissement.

Un autre facteur devait puissamment contribuer à accentuer ce développement de la production. A côté de la classe ordinaire des consommateurs anciens de pain blanc, s'est organisée une nouvelle société dont les besoins augmentent et s'affinent chaque jour davantage. Les inventions, le développement de l'industrie manufacturière, l'augmentation de la circulation monétaire et du crédit commercial qui en furent la conséquence, ont amené la création, en face de la société moyenne primitive, principal consommateur de blé, d'une classe d'individus dont la réunion dans les villes et le contact avec ces populations plus aisées, ont augmenté les exigences. Jadis ils vivaient de la vie frugale des campagnes, dans un milieu plus sain et nécessitant une alimentation moins substantielle ; incorporés dans l'usine, ces travailleurs durent substituer le pain blanc au pain composé dont ils se nourrissaient auparavant, de sorte que, sans augmentation sensible de population, le nombre des consommateurs de pain blanc s'est accru dans des proportions considérables.

C'est cette considération souvent négligée qui est une cause de fausses interprétations des phénomènes que nous étudions. Le perfectionnement des moyens de transports, un régime d'échanges plus libéral correspondant avec ce développement, le firent progresser dans une proportion presque géométrique, et peu à peu, l'usage du pain blanc a pénétré même dans les campagnes où il était considéré, il n'y a pas longtemps encore, comme un mets de luxe ; « plus, en effet, l'économie nationale témoigne » d'une civilisation avancée, plus, notamment, le salaire et » l'aptitude au travail des classes inférieures sont considérables, plus aussi le régime d'alimentation générale- » ment s'élargit » (1) et neutralise le danger de la surproduction dans les cultures alimentaires.

(B). *L'élevage.* — L'élevage du bétail qui tient une grande place dans l'industrie agricole, subit, de même que la culture des céréales, des crises violentes.

En France, une dépression s'est produite en 1896 sur le *marché des porcs.* Cette dépression présente le caractère particulier de ne s'être fait sentir que dans les rapports entre intermédiaires et producteurs, mais non dans les relations de ces intermédiaires avec les consommateurs, ce qui fut une aggravation pour la classe moyenne de la population.

La plus grande partie de la viande de cette nature consommée en France était fournie, jusqu'à ce jour, par l'agriculture nationale, et particulièrement par le petit cultivateur pour lequel c'était une ressource précieuse. La facilité de conservation des viandes de ce genre en permet, en effet, la consommation partielle à des intervalles assez éloignés et forme la base de l'alimentation

(1) Roscher. *Traité d'Economie politique rurale,* page 624.

des campagnes. Les paysans vendaient facilement le surplus à un prix rémunérateur qui contribuait à augmenter la circulation du numéraire, toujours si faible dans les populations rurales ; cet ensemble d'avantages à fait dire que c'était là *l'élevage du pauvre* par excellence.

« Les importations de l'étranger étaient presque insigni-fiantes : 6.650 têtes pendant les six premiers mois de 1894, quand subitement les arrivages se succédèrent avec une rapidité invraisemblable et atteignirent, pendant les six premiers mois de 1896, 53.000 têtes de bétail. Les cours s'effondrèrent. « En Vendée le porcelet tomba de 20 francs et 30 francs, à 2 francs et 2 fr. 50 ; le cochon de 5 mois de 60 francs à 5 francs. Dans cette région, chaque cultivateur possédait, jusqu'à ces dernières années, 2 ou 3 truies dites goretanes; elles lui fournissaient, bon an mal an, 25 à 30 petits cochons de lait qu'il vendait 20 francs pièce ce qui lui permettait de réaliser un béné-fice de 500 francs à 600 francs. Hélas, il n'en est plus de même aujourd'hui, car les cours ont baissé de plus des 9/10. Le cultivateur a dù commencer par réduire sa porcherie le plus possible ; maintenant il n'a plus qu'à tuer sa dernière truie pour la saler ; il laisse donc le champ libre à la concurrence étrangère » (1). La Vendée a perdu, de ce chef, plusieurs millions depuis le commen-cement de la crise ; la suppression complète de l'élevage y est prochaine. Le plus regrettable résultat sera qu'aus-sitôt après la disparition de la production française, les importateurs étrangers en profiteront pour augmenter leur prix et que, seuls, ils en bénéficieront.

Dans cette crise spéciale, c'est bien l'excédent des offres qui amena nécessairement l'effondrement des prix ; mais il faut remarquer qu'il y a, dans la marche de cette in-

---

(1) *Agriculture moderne*, 1896, page 807.

vasion de la production étrangère, un point faible qui atténuera sans doute ses effets désastreux : la viande arrive soit sur pied, soit abattue ; dans les deux cas, elle perd une partie de ses qualités ; les animaux vivants contractent, à bord des bateaux, des affections spéciales et les viandes congelées ou salées ne se prêtent qu'à une consommation restreinte.

Ces défauts, joints à la qualité inférieure des produits, même sains, par suite de leur élevage économique, ont d'ailleurs servi de base à la défense des cultivateurs français, et il suffirait d'imposer au service de l'inspection sanitaire un examen encore plus sévère, et à la douane une surveillance plus grande, pour arrêter l'importation du bétail étranger, sans avoir recours à de nouveaux droits protecteurs. C'est sur un point particulier, la démonstration, que la *production soignée* en petit n'a rien à craindre de la production en grand, moins consciencieuse, et cela est vrai, aussi bien pour les tisseurs lyonnais d'étoffes précieuses que pour les agriculteurs vendéens.

Il n'y a donc pas, à proprement parler, surproduction dans le monde, pour les industries visant à l'alimentation humaine. Les mouvements ascensionnels irréguliers de la production qui tendent à donner cette illusion, ne sont que le résultat de l'augmentation de la demande ; mais cette dernière étant encore malheureusement loin d'être satisfaite d'une façon complète, les prix devraient avoir une tendance à s'élever ou, tout au moins, à se maintenir ; ce n'est donc pas le jeu normal de la loi de l'offre et de la demande qui détermine ces variations ; nous devrons en chercher les causes dans des pratiques commerciales qui tendent et réussissent souvent à fausser l'application régulière de cette loi essentielle.

(c) *Des facteurs qui faussent le jeu de la loi de l'offre et de la demande*. — Si l'examen général de la situation économique du monde, au point de vue de la production des denrées alimentaires, démontre que cette dernière ne peut pas donner encore satisfaction totale aux besoins de l'humanité, il peut arriver cependant que, sur un marché donné, il se produise un engorgement, c'est-à-dire que la demande y soit temporairement inférieure à l'offre, et par suite qu'il y ait bien une baisse exagérée, mais naturelle des prix.

Aujourd'hui, toutefois, grâce aux facilités de communications, une dépression trop accentuée aura pour résultat immédiat l'envoi d'ordres d'achats de marchés moins favorisés, et l'équilibre se rétablira ; mais, dans l'intervalle, le spéculateur aura eu le temps de recueillir des promesses de vente à bas prix de producteurs se trouvant dans la nécessité de réaliser leurs approvisionnements. Le phénomène inverse, supériorité locale et temporaire de demandes sur les offres, malgré l'envoi immédiat de denrées attirées par une hausse de prix inattendue, permettra au même spéculateur de souscrire des promesses de vente, sur cette base, à d'autres négociants, trompés sur la marche ou la durée probable de cette hausse temporaire, sans qu'ils se fassent souvent illusion sur les causes qui lui ont donné naissance.

Ces différentes opérations sont parfaitement légitimes tant qu'elles portent sur des offres et des demandes réelles, quoique faites à terme, et cela, non seulement au point de vue civil, mais même au point de vue économique. Aussi n'insistons-nous pas sur le caractère des *marchés à terme* qui ne sont jamais des causes directes de baisse de prix.

Cependant, dans ces contrats, il est laissé une grande part au hasard et dans cette voie il est bien difficile d'arrêter la soif du gain qui s'impose presque au commerçant et le pousse à défigurer cette opération, à user des procédés les plus blâmables pour arriver à la réalisation d'un bénéfice, énorme parfois, mais toujours très aléatoire, en un mot, à jouer.

M. Alfred Paisant, président du Tribunal civil de Versailles, dans une étude remarquable reproduite par le « *Journal de l'Agriculture* (mars 1896), dénonce comme source du mouvement incohérent des prix, la spéculation qui, d'Amérique où elle est née, a étendu le champ de ses opérations jusqu'en Europe depuis environ 7 ans. En 1889-1890, elle prit à Liverpool, une extension formidable, rapporte M. Smith, ancien courtier sur cette place ; elle s'empara de ce grand marché et par lui elle imposa sa loi à tous les autres marchés européens.

M. Sarcé, dans un article de vulgarisation de *l'Agriculture Moderne* (nᵒ du 12 mars 1896), expose, d'une façon très précise, la tendance actuelle de cette spéculation, en prenant comme exemple le blé. Son principal caractère, dit-il, est de s'exercer sur un *marché fictif*. Le spéculateur possède seulement une faible quantité de marchandises disponibles : muni de ce *stock*, il dispose à terme, non seulement de son blé en magasin, mais de quantités beaucoup plus considérables. S'il y a baisse, il se pourvoira, sur le marché, le jour de l'échéance et bénéficiera de la différence entre les deux cours ; si cette baisse ne se produit pas naturellement, c'est alors qu'il fera intervenir sa *réserve* en nature qu'il jettera sur le marché, à bas prix, et au comptant, pour amener une baisse des cours : il perdra sur cette marchandise ; mais il sera amplement rémunéré par le bénéfice de la première opération, beaucoup plus importante.

Cette marchandise de réserve est souvent même avariée, impropre à la consommation, ainsi qu'il résulte de l'enquête faite, en Allemagne, par M. Blondel. Peu importe, en effet, qu'une réclamation se produise après la livraison, l'effet qu'attend le spéculateur est obtenu, il sera prêt alors, avec le bénéfice de l'opération prise dans son ensemble, à désintéresser l'acquéreur qui aura la fantaisie d'exiger la livraison effective de la commande. De sorte, en résumé, que c'est la spéculation du blé qui n'existe pas, qui règle le cours du blé qui existe.

Théoriquement, deux principes paraissent être en contradiction avec la réussite de pareilles opérations.

En premier lieu, tout spéculateur à la baisse suppose un spéculateur à la hausse, ce dernier devra mettre en œuvre des moyens analogues pour amener un cours qui lui soit favorable. On répond que, pratiquement, la lutte, dans ce sens, est beaucoup plus difficile à soutenir; un supplément d'offre d'achat à terme ne produit pas un effet aussi puissant que celui qu'amène une vente immédiate, à prix réduit, beaucoup moins importante. La spéculation ne peut arriver, par ce moyen, qu'à atténuer une perte probable; 90 fois sur 100 les spéculateurs à la baisse ont raison des joueurs à la hausse.

On peut se demander, en second lieu, comment ces combinaisons peuvent être faites d'une façon continue, si les acheteurs demandent la réalisation de leur marché. Une pareille éventualité amènerait infailliblement la disparition du *jeu*; aussi les intéressés ont-ils décidé, une fois pour toutes, que tout marché serait considéré comme exécuté par le seul fait du paiement des différences entre les offres et les demandes stipulées. C'est sur ce compromis, unanimement blâmé par les économistes, que portent toutes les discussions tendant à la réforme du marché. C'est grâce aux *Differenzenspiel*, dit M. Blondel, qu'on a pu voir se produire ce fait étrange et bien significatif de prix élevés en face de grosses récoltes et abaissés en face de mauvaises.

Les spéculateurs s'efforcent, de leur côté, de donner

un caractère bienfaisant, sinon légal, à de telles pratiques ; ils prétendent que grâce à eux : 1º le marché est toujours ouvert à l'agriculture dont le blé est une valeur immédiatement réalisable comme un titre de rente à la Bourse; 2º que la spéculation française par exemple, tient tête à la spéculation américaine qui, libre de toute rivalité, provoquerait à volonté, par ses arrivages, malgré les taxes douanières, l'effondrement de nos marchés.

Les faits contredisent formellement cette dernière affirmation. En effet ce blé, dont la spéculation éviterait la concurrence au marché français, se maintient, partout où il est mis en vente, à des cours qui, en tenant compte du droit de 7 francs par 100 kilogs et des frais de transport, dépassent de 3 ou 4 francs par hectolitre le cours de nos blés.

En ce qui concerne leur prétention que, sans la spéculation, le producteur se trouverait dans l'impossibilité de liquider rapidement ses approvisionnements, il faut faire une distinction. L'industrie agricole nécessite périodiquement une certaine quantité de numéraire disponible qui ne peut être obtenu que par une vente de récoltes ; c'est là un désavantage évident sur l'industrie manufacturière qui se contente du crédit que lui procure, une fois pour toutes, une première mise de fonds ainsi triplée ou quadruplée. Dans l'état actuel des choses, un agriculteur ne peut faire autrement que de chercher un acheteur en Bourse ; il le trouvera certainement ; mais *à quelles conditions?* Vendeur sincère, il fera le jeu de ce spéculateur qui s'efforcera d'utiliser l'opération dans le sens qu'il entend donner à la marche des prix : tendance qui est la plupart du temps à la baisse.

On pourrait objecter que cette spéculation n'aboutit pas toujours à un pareil résultat, on cite notamment la hausse

7

temporaire mais rapide des blés pendant la campagne de
1897 ; il faut observer d'abord que cette hausse, si elle
fut exploitée par la spéculation, ne fut pas causée par elle;
les cours ont progressé par suite de la diminution des récoltes provenant du mauvais temps qui a régné à peu près
généralement dans tous les pays producteurs pendant cette
année. La production de la France a subi une diminution de
8 à 10 millions d'hectolitres; les cours y ont immédiatement et, naturellement, augmenté; mais aussitôt est
intervenue une catégorie spéciale de spéculateurs qu'il
est indispensable de distinguer des précédents : les intermédiaires, minotiers, marchands en demi-gros, boulan-
gers. Ceux-ci ont forcé dans le sens de la hausse afin
de liquider, à un taux extrêmement rémunérateur, le
stock, *invisible*, qu'ils avaient en magasin. Au moment
où, grâce à leurs manœuvres, le blé atteignait 24 fr. 75,
au lieu de 22 fr. 50, les premiers arrivages de blé amé-
ricain, sur le marché d'Anvers, se liquidaient à 16 fr. 50
qui, joints aux 7 fr. de droit de douane, faisaient un
chiffre inférieur. Ce prix, dans la suite, s'abaissa encore quand on sut l'importance des arrivages de l'Amérique, dont la récolte, par suite de circonstances excep-
tionnellement favorables, passait de 200.000.000 d'hectolitres à 246 millions.

Il paraît difficile de concilier le rôle que la concurrence a joué dans cette opération où elle amena une dépression avec la théorie que nous avons exposée au début de ce chapitre, en tentant de démontrer que, par
suite de l'insuffisance de production dans le monde, le
prix de ces denrées devait avoir une tendance à augmenter. Il ne faut pas en conclure qu'il y ait incohérence
complète dans les phénomènes de cette nature; cela
montre seulement qu'il y a des palliatifs à la libre
concurrence et que celle-ci n'agit pas avec la même

précision sur les hommes que sur les forces physiques,
les lois physiques.

Stuart Mill a bien exprimé ce caractère spécial des
événements historiques et économiques où se mêlent le
contingent et le nécessaire, le général que la science détermine et le particulier qui échappe à la détermination
et à la prévision ; dans ce but, dit-il, « toutes les lois
de causation étant sujettes à être contrariées doivent
être exprimées en termes qui n'affirment que des *tendances* et non des résultats effectifs ».

§ 2. — Variations des instruments de l'échange.

En dehors des marchés fictifs ou à terme et du cour-
tage exagéré prélevé parfois par les intermédiaires, d'autres causes peuvent exercer une influence déprimante sur
les ‘prix.

Dans une première partie, nous avons envisagé les *marchandises elles-mêmes* ; dans ce second paragraphe, nous devrons exposer les mouvements de la *mesure* même de la
valeur de ces marchandises de l'instrument d'échange qui
permet de réaliser les opérations qu'elles alimentent.

La seule base adoptée aujourd'hui pour les échanges importants, est la monnaie métallique, commune mesure de
la valeur des objets dans le commerce international : malheureusement, comme le dit Joseph Garnier (1) « toute valeur étant essentiellement *variable*, il s'ensuit qu'il ne peut
y avoir une unité invariable de la valeur et que l'on ne
peut apprécier la grandeur *absolue* de la valeur des choses, mais seulement leur grandeur *relative* et compara-
tive ». La variation de la valeur de la monnaie, pour ne

____

(1) Joseph Garnier. *Traité d'économie politique et sociale*, p. 283.

pas être visible, n'en est pas moins réelle. Un kilog de laine vaut une unité X comme l'an dernier, mais le prix a varié si cette unité X achète plus ou moins de choses cette année que l'an dernier. De là, des complications pour l'appréciation des faits et pour les raisonnements économiques.

Cette variation, déjà sensible dans ses conséquences, quand on ne se trouve en présence que de la monnaie d'un seul pays à métal unique, s'aggrave encore quand il y a en circulation deux catégories de métaux entre plusieurs nations.

Dans ces dernières années, le métal argent, par suite de la découverte et de l'exploitation de mines plus nombreuses, vit sa production et sa circulation augmenter chaque année (1) : ainsi

dans la période 1493-1850 il a été produit 149.826.750 kil. valant 33.294.800.000 fr.
    —   1851-1875   —   31.003.825   —   6.889.700.000
    —   1876-1896   —   70.754.567   —   15.688.000.000

Cette extrême affluence du métal argent a des conséquences très diverses ; les pays à étalon d'or voient augmenter considérablement la force libératoire de ce métal, d'où abaissement chez lui de l'expression du prix de vente des produits. Les pays à double étalon sont exposés à voir opérer les paiements qui leur sont dûs en métal argent, devenu abondant et leur monnaie d'or s'acheminer vers les pays à étalon de cette monnaie. Quant aux pays à étalon d'argent, ils sont les plus avantagés, du moins au point de vue de leur commerce extérieur.

Le résultat immédiat de la dépression de l'argent est en effet d'attirer leurs produits vers les pays à double étalon ou à étalon d'or. Ce phénomène s'est produit, d'une

(1) *Revue encyclopédique*, 19 février 1898.

façon saisissante, dans l'Inde anglaise à étalon unique
d'argent. L'opération est des plus lucratives pour ce pays,
le mécanisme en est d'une simplicité extrême. Un commerçant français a acheté 100 francs de blé indien qu'on
lui a livré. Pour se libérer, il n'a qu'à se procurer à Lon-
dres 500 grammes d'argent en lingots, qu'il pourra obtenir
contre 70 francs en or. Il enverra ces 500 grammes d'argent à la Monnaie de Calcutta qui, moyennant un droit de
1 centime par roupie, c'est-à-dire 40 centimes pour le tout,
les transformera en roupies représentant 100 francs d'écus
français. L'acheteur s'est donc procuré pour 70 fr. 40, auxquels il faut ajouter de légers frais de transport, 100 francs
de marchandises qu'il va revendre sur le marché français; il n'est pas besoin de faire ressortir les avantages
que retire le blé indien du jeu d'une prime aussi considérable.

Et il faut remarquer que si le même Indien voulait
acheter un produit fabriqué aux pays à étalon d'or ou à
double étalon d'or et d'argent de l'Union latine, comme
il n'a que de l'argent-roupie à donner pour acquitter le
prix, et que cet argent est déprécié de 30 0/0, il se trouvera
obligé, pour se procurer la quantité d'or nécessaire à sa
libération, de supporter un sacrifice correspondant qui aug-
mentera d'autant pour lui le prix de l'objet. C'est ainsi
que les Indiens ont été amenés, par la nécessité, à se faire
de plus en plus producteurs, et à fabriquer pour leur
propre compte ce qu'ils demandaient autrefois à la Métro-
pole. A Bombay, par exemple, où il n'y avait, avant la
crise monétaire, que 450.000 broches de filature, on en
comptait en 1891 plus de deux millions.

Dans ce mouvement si rapide de variation de l'expression
des prix dans le monde entier, les produits agricoles et
industriels des pays à étalon unique d'argent ont conservé,
par une exception curieuse, la même valeur (en argent)

tandis qu'au contraire, dans les pays à étalon d'or, les mêmes produits ont baissé de 50 0/0 dans certains cas.

Ému de ce fait, le gouvernement anglais a nommé en 1887 une grande commission, *Gold and Silver Commission*, chargée d'examiner la question et de se prononcer sur le rôle, au point de vue économique, de l'étalon monétaire. Voici comment s'exprime son rapporteur : « en même temps que se produisait la baisse du prix de l'argent en or, une baisse générale des prix en or avait lieu en Angleterre qui possède un étalon d'or, tandis que dans l'Inde, la roupie conservait son pouvoir d'achat et que les prix en argent demeuraient fermes. Il en résulte que la valeur de l'argent n'a pas baissé en elle-même, bien qu'elle ait largement baissé dans sa valeur relative avec l'or ; de là deux résultats favorables à l'Inde et contraires à l'Angleterre, du moins jusqu'à ce que les prix parviennent à l'équilibre. La production du blé dans l'Inde est favorisée aux dépens du producteur du blé en Angleterre ; de même que le manufacturier de l'Inde est favorisé aux dépens des manufactures d'Angleterre. Le manufacturier anglais est atteint dans ses ressources par le change ; quant à l'agriculteur anglais, il vend son blé proportionnellement moins cher que le ryot parce que le prix est resté le même dans l'Inde et qu'il a baissé en Anglelerre. Dans l'Inde, pays à argent, maintien des prix ; en Angleterre, pays à or, baisse des prix ».

Telle est la situation actuelle, et le remède ne paraît pas devoir être facilement découvert. On a bien tenté de prohiber la frappe libre des monnaies libératoires d'argent dans ces pays (1), mais alors, économiquement, on se trouve en face d'un dilemme : ou la pièce d'une roupie pesant X grammes, vaut une roupie, parce qu'elle

____

(1) Aux États-Unis, la frappe libre a été suspendue par la loi Scherman. Dans l'Inde anglaise, les monnaies ont été formées à la frappe des roupies.

pèse X grammes, ou parce qu'elle porte l'effigie gouver-
nementale. Dans le premier cas, la frappe doit être libre,
dans le second c'est un acheminement vers la monnaie
fiduciaire et, dans cette voie, on ne sait jamais où peuvent s'arrêter les gouvernements : en tous cas, c'est une
faute économique grave, puisque l'abondance du métal
argent n'y a pas pour conséquence, comme dans les
pays bimétallistes, la fuite du métal or.

Cette affluence de la monnaie d'argent, ainsi que la
Gold and Silver Commission le fait remarquer, n'a pas
eu pour résultat la diminution des prix-argent des produits; il faut nécessairement en conclure que ce n'est
pas le métal argent qui se déprécie au profit de l'or,
mais bien ce dernier, au contraire, qui, sous l'influence
d'une demande plus active provenant de ses qualités,
(facilité de transport, résistance, aspect et mode) subit
une appréciation continue croissante.

C'est là une observation qui a servi de base à un
système ingénieux qui propose de sanctionner légalement
et pratiquement cette marche naturelle des faits : l'argent y aurait une force libératoire fixe, comme dans
l'Inde; la monnaie d'or, portant seulement l'indication
de son poids, verrait sa valeur déterminée chaque jour,
par le cours officiel du marché. Par suite de cette fixité,
la monnaie d'argent tendrait à acquérir une vogue que
la monnaie d'or tient de ses seules qualités intrinsè-
ques ; peu à peu le jeu de cette combinaison mettrait
en circulation la réserve métallique argent qui, en France,
par exemple, est considérable et, le jour où cette réserve
aura disparu, un équilibre relativement stable se sera constitué dans la valeur proportionnelle de l'or et de l'argent (1).

(1) Compte rendu de la *Société d'Economie politique* de Lyon. — 12
Décembre 1890, page 157 et s. Discours de M. Lépaulle.

Une autre considération viendrait à l'appui de cette proposition : une des causes de la plus value de l'or est sa
rareté, mais il faut remarquer que, depuis quelques années, sa production a augmenté dans des proportions
énormes (1).

de 1493 à 1850 elle a été de 4.720.070 kilogs valant 16.368.200.000 fr.
de 1851 à 1875   —   4.775.625   —   16.449.400.000 fr.
de 1876 à 1896   —   3.993.421   —   13.754.300.000 fr.

Ce sera là un fait de nature à atténuer la différence de
traitement entre les deux métaux et à obtenir plus rapidement l'équilibre *naturel* que souhaite M. Lépaulle et
tous les économistes.

Mais un défaut général entache les propositions et les
systèmes de ce genre : c'est leur adoption par certaines
nations, leur rejet par d'autres : or, il est certain que
le meilleur de ces régimes ne donnera aucun résultat
utile s'il n'est appliqué dans le monde tout entier. Les
discussions sur le monométallisme et le bimétallisme ne
sont troublantes que parce qu'elles s'éloignent de ce point
de vue spécial, pour entrer dans la pure spéculation de
mots et d'intérêts égoïstes (2).

A un régime international d'échanges ininterrompus de
produits, il faut un instrument général, international
d'échange. Une seule monnaie libératoire quelle qu'elle
soit, donnerait à ces échanges une fixité qui leur manque aujourd'hui : cette réforme ne peut être obtenue que

(1) *Revue Encyclopédique*, 19 février 1898.

(2) Exemples :

«Si les bimétallistes avaient raison de prétendre que les peuples à frappe
libre d'argent gagnent dans toutes leurs transactions avec ceux qui n'ont
que de l'or, il faudrait chercher toujours à avoir une monnaie plus dépré-
ciée que celle de n'importe quel pays avec lequel on trafique (ce qui
serait vraiment extravagant). » *Bamberger* cité par *Blondel*. Ou encore: le
prix des céréales doit seul s'élever et tout le reste rester bon marché ! —
Raisonnement de quelques agents de propagande socialiste agraire.

par *l'intervention des Etats*, manifestation d'une évolution
nouvelle, mais très difficile à réaliser. Le choix du métal, si on adoptait l'étalon unique, serait, à lui seul, un
obstacle presque insurmontable, par suite du nombre sensiblement égal des partisans de l'or ou de l'argent (1).
De plus les pays qui, comme la France, ont deux métaux
liés par un rapport fixe, mais erroné, ne consentiront
pas facilement à l'adoption d'un système autre que celui
qui règne chez eux. Il faut pourtant reconnaître que
malgré son fondement anti-économique et irrationnel, ce
système, si défectueux, perdrait la plupart de ses défauts
s'il était *universellement admis*.

Cette harmonie conventionnelle ainsi établie entre les
différents métaux précieux, un seul phénomène continue-
rait à produire ses effets : l'augmentation continue de la
somme des métaux de ce genre mis en circulation,
somme qui nous est donnée par le total des deux ta-
bleaux que nous avons reproduits plus haut.

Période   1493-1850 . Production en millions de francs : 43.663.000.000
   »   1851-1875   id.   23.339.000.000
   »   1876-1896   id.   20.422.000.000

Si la valeur faciale de ces monnaies reste toujours la
même, leur plus grande abondance tend à diminuer leur
force d'acquisition et à donner à tous les objets dont la
production et la *consommation* ne subissent pas un développement symétrique, une expression de valeur faciale
plus grande. Les prix exprimés des denrées agricoles
étant en baisse continue, il ne faut pas conclure cependant que le développement de la production agricole soit
exagéré, nous avons vu qu'il n'en était rien ; elle a bien

(1) Toute tentative de réforme internationale est entravée par l'Angleterre : (séance du 23 mars 1896 au Reischtag ; séance du 20 novembre 1897
Parlement français).

progressé dans des proportions énormes, symétriques de celle des métaux précieux ; mais, alors que ces derniers étaient jadis presque exclusivement consacrés à l'achat de ces denrées, ils servent aujourd'hui à se procurer une quantité d'objets alors inconnus.

Supposons, par exemple, le monde entier ayant *uniquement* une somme de 10 fr. et 10 kilos de blé disponibles à acquérir, l'unité tendra à valoir un franc nominal.

Si la circulation monte à 50 fr., et l'unique production à 50 kilos, le prix exprimé ne changera pas, à condition que ce soit l'unique consommation ; mais si, supposant les mêmes données : 50 unités d'or et 50 unités de blé, on enlève à la circulation or, 20 unités pour la satisfaction d'autres besoins, il reste trente francs ; le prix de l'unité de blé ne sera plus que 0 fr. 60, quoique la circulation de numéraire et la production soient abondantes.

On voit que, même dégagée des entraves ou des obscurités qui sont la conséquence de la multiplicité des régimes monétaires, le mouvement des prix aurait encore de nombreuses variations mais plus apparentes, plus rationnelles, et d'une prévision plus facile.

D'autre part, ce régime unique en faisant disparaître les mouvements dus au change de pays à pays, donnerait une plus grande importance au mode de travail des agriculteurs ; les prix, en dehors du grand mouvement général que nous avons signalé, ne se verraient plus influencés que par le *coût de production* de chaque zône, sur lequel leur initiative individuelle ou collective exerce une influence immédiate dont nous allons examiner les effets actuels.

CHAPITRE II

CAUSES DE LA HAUSSE DU COUT DE PRODUCTION.

Les variations du coût de la production tiennent à trois catégories de causes qui représentent, en quelque sorte, les trois étapes successives de l'humanité :

1° Les causes naturelles et techniques qui montrent l'homme en face de la seule nature ;

2° Les causes politiques qui visent les intérêts collectifs, l'économie générale du pays ;

3° Les causes sociales, enfin, qui résultent de l'organisation par voie de disposition générale de certains intérêts privés des citoyens.

§ 1. — Causes techniques et naturelles.

(A) *Causes techniques*. — De l'utilisation plus ou moins rationnelle des deux éléments de l'industrie agricole : l'élément personnel et l'élément réel, dépend, pour une grande part, le coût plus ou moins élevé de la production. Les procédés imparfaits de culture entraînent soit une insuffisance de production, soit la défectuosité des produits. Il n'est pas une branche de l'agriculture, qui n'ait été l'objet, depuis une quarantaine d'années, de plus savantes études que la viticulture. Des méthodes nouvelles ont été préconisées, et dans tous les pays, au moment

de l'invasion du mildew et du phylloxéra, des légions de
savants et de praticiens réussirent à combattre, à atténuer
les malheureux effets de ces maladies ; ils ont triomphé
de tous les fléaux naturels, il n'y a que la routine qui
ait résisté à leurs efforts. Le résultat fut de voir replanter
sans réflexion des espèces de vignes dans des quartiers
où elles ne pouvaient que végéter, et où, faute d'avoir
fait analyser le terrain, elles ne donnèrent qu'un rendement onéreux.

Il en est de même dans tout l'ancien continent pour
l'ensemble des cultures : l'utilisation des engrais dosés,
l'application de règles d'hygiène sévères dans les bergeries
et les étables sont encore négligées par beaucoup d'agriculteurs.

Toutes ces défaillances sont imputables au défaut d'enseignement technique et économique des populations rurales : si l'agriculture européenne se fait battre, sur ses
propres marchés, par les produits américains, la faute en
est au refus des peuples et des gouvernements de se ré-
soudre aux sacrifices nécessaires.

Pour former des agriculteurs habiles, l'Allemagne dépense
annuellement 2.700.000 fr., la France 4.250.000 fr., pendant que les États-Unis dépensent 8.575.000 fr. sans compter 3.625.000 fr. de stations d'expériences agricoles. Il
n'y existe pas moins de 61 écoles d'agriculture subvention-
nées par le gouvernement des États, d'une somme de
5.550.000 fr. (1).

(B). *Causes naturelles.* — Les accidents naturels sont
ceux que le paysan redoute le plus, car ils se manifestent sous ses yeux de la façon la plus cruelle :

(1) *Revue des Revues,* 1ᵉʳ octobre 1897.

(A) *Accidents météorologiques.*

De tous temps, poêtes et historiens ont décrit en termes émus, la douleur du cultivateur qui voit anéantir, en quelques minutes parfois, le produit presque mûr de son travail. Et pourtant les phénomènes de ce genre sont moins redoutables en somme, dans leurs conséquences ultérieures que beaucoup d'autres qui échappent à sa vue et l'acculeront, peu à peu, sans qu'il en ait conscience, à une situation plus misérable que celle cependant bien malheureuse où le réduit la perte d'une saison de labeur. Parmi les fléaux qui nuisent le plus aux récoltes, Xénophon cite (Économique V.-18) la grêle, la gelée blanche, les pluies excessives, la sécheresse. Plutarque (Demetruis-12) rappelle une circonstance où une gelée tardive brûla en Attique presque tout le blé en herbe, les bourgeons des vignes et ceux des figuiers (1).

Ce sont là des accidents météorologiques dont il est impossible à l'homme d'arrêter le cours ; il doit se borner à une protection réparatrice demandée soit à la générosité des pays indemnes, soit à la constitution de réserves spéciales.

(B) *Maladies des plantes et des animaux.*

Mais il y a d'autres calamités où son influence peut se faire sentir d'une façon plus efficace : les maladies des plantes qui causent parfois la ruine de certains pays. En Irlande, il y a cinquante ans, la maladie de la pomme de terre entraîna un véritable désastre. La population y était à cette époque d'une densité extrême et avait recours pour se nourrir, à cette plante qui fournit, à l'hectare, la plus grande somme de matiè-

---

(2) Guiraud. *La propriété foncière en Grèce*, p. 487.

res alimentaires (1). Quand celle-ci manqua, la famine fut universelle; la maladie s'était propagée en Europe et dura plusieurs années ; le récit de ces calamités a été fait par Léonce de Lavergne, dans une page célèbre. Quand le dénombrement décennal fut opéré, en 1851, au lieu de donner comme toujours un excédent notable, il resta un déficit effrayant; un million d'habitants sur huit avait disparu, le huitième de la population était mort de misère et de faim.

Ce malheureux accident a fait ce que n'avaient pu faire des siècles d'oppression, il a vaincu l'Irlande. Le peuple irlandais, en voyant son principal aliment lui échapper, a commencé à comprendre qu'il n'y avait plus assez de place pour lui sur le sol de la patrie. Lui qui avait jusqu'alors obstinément résisté à toute pensée d'émigration comme à une désertion devant l'ennemi s'est pris tout à coup d'une passion opposée : un courant ou pour mieux dire un torrent d'émigration s'est déclaré. Il a fallu remonter jusqu'aux traditions bibliques pour trouver un nom à cette fuite populaire qui n'a d'analogie qu'avec la grande émigration des Israélites: on l'appelle l'Exode. L'Irlande n'a plus aujourd'hui que 4.500.000 habitants (2).

De pareilles catastrophes paraissent moins à redouter aujourd'hui, grâce aux progrès des mesures de prophylaxie et à leur application sévère par les cultivateurs éprouvés. La France, cependant, n'a pu empêcher l'invasion du phylloxéra ; mais il faut reconnaître aussi que l'esprit de résistance de beaucoup de vignerons, reculant devant le coût élevé des moyens de défense, n'a pas peu contribué à l'aggravation du mal.

(1) *Agriculture moderne* 1896, p. 340.
(2) *Revue scientifique* 1871, p. 200.

§ 2. — Causes politiques.

Les causes politiques tiennent aux troubles qui naissent périodiquement depuis l'origine des sociétés, soit à l'intérieur des nations, soit dans leurs rapports avec les nations étrangères. Il en résulte un état d'insécurité matérielle et des risques d'éviction violente, soit de la propriété du sol, soit des produits ; dans les deux cas, il y a diminution immédiate de la production en face de frais identiques, sinon plus élevés.

L'épithète de « politique » appliquée aux crises de ce genre, pourrait être discutée, mais l'usage lui a donné une signification suffisamment précise et c'est dans ce sens que le baron Louis pouvait dire, étant compris de tous : « Faites-nous de bonne politique et je vous ferai de bonnes finances ». Nous entendons par causes politiques : la répercussion des accidents de la vie politique du pays sur l'agriculture.

(A). *A l'intérieur.* — Elles sont, à l'intérieur, le fait individuel ou collectif des citoyens, de l'exercice abusif ou non de leurs droits tendant à la réforme des pouvoirs publics, de la ligne de conduite du gouvernement. Dans les pays où l'égalité politique des citoyens n'existe pas, ces aspirations se manifestent quelquefois violemment en lutte ouverte des classes inférieures pour obtenir des classes plus favorisées, une atténuation de leurs charges ou une assimilation complète. Ces mouvements violents sont aussi souvent le résultat d'un régime économique défectueux, d'une crise générale de la production.

C'est ainsi qu'en Irlande, l'organisation contraire au droit naturel de la société rurale qui est déjà une cause sociale de crise, a engendré des soulèvements intérieurs d'aspect politique qui aggravèrent encore la situation.

(B.) *Guerres extérieures.* — L'influence des guerres sur l'agriculture a subi de grandes variations suivant les temps.

A l'origine, au moment où les nations commençaient à avoir une individualité propre, la lutte était restreinte, quant aux hommes qui y prenaient part, à certaines classes de citoyens auxquelles était réservée la carrière des armes. L'agriculture continuait donc à fonctionner, elle ne souffrait que sur le théâtre même de la lutte. Si les propriétaires se trouvaient dans cette dernière situation, ils couraient le risque, en cas d'insuccès, après avoir subi une impossibilité temporaire de production, de se voir évincer purement et simplement de leurs fonds par les nouveaux venus du peuple victorieux.

Deux effets bien distincts de l'état de guerre se manifestaient à cette époque primitive :

Impossibilité *locale* de production ;

Eviction des vaincus et partage de leurs biens.

Peu à peu, les progrès du droit arrivèrent à tempérer dans une très large mesure, l'application de ce dernier privilège de la victoire. Le droit de propriété privée maintenu aux annexés forme un des principes du droit international public moderne.

Mais il fut loin d'en être de même pour ce qui a trait à l'impossibilité, à la paralysie de la production : d'abord restreinte aux environs immédiats du théâtre de la lutte, elle s'est généralisée depuis un siècle et affecte les nations belligérantes entières, par suite de la levée générale de *tous* les adultes valides de 20 à 45 ans. Cet aspect d'une crise agricole spéciale nous révèle un nouvel avantage de la propriété familiale. Lors de cette levée gé-

nérale en effet, les paysans âgés de plus de 45 ans auxquels on retire les bras de leurs collaborateurs, se mettent
à travailler de leur personne, aidés des enfants, plus
qu'auparavant, plus qu'ils ne pourraient peut-être le faire
continuellement, et ils arrivent, grâce à l'économie des
gages et de la nourriture des valets absents, à maintenir
le produit net de leurs exploitations à un taux normal.
Dans les mêmes conditions, le gros propriétaire est au
contraire obligé de chercher à combler les vides, moyennant des salaires beaucoup plus élevés.

Ainsi, Roscher fait remarquer que le Sud-Ouest de
l'Allemagne où la petite culture prédomine, a beaucoup
mieux supporté les guerres de la Révolution française et
de Napoléon que le Nord-Est où la propriété revêt la
forme de domaines équestres.

Toutefois, ce n'est là qu'une question de degré, les uns
et les autres subissant, dans leur développement naturel,
un arrêt qu'une longue période de paix est quelquefois impuissante à réparer. Mais les conséquences de ces conflits
sont souvent moins graves que les luttes intestines qui
atteignent profondément le régime intérieur de la propriété : ainsi, après la guerre de 1870-1871, on a pu voir
la France, malgré l'insurrection parisienne *urbaine* de la
Commune, donner à sa production agricole un développement considérable, signe d'une prospérité indiscutable.

Ces luttes ont aussi pour effet de faire prendre à la
concurrence des pays voisins, une direction particulière,
en les encourageant à s'efforcer de compenser l'insuffisance de production de leurs rivaux immobilisés. C'est
quelquefois pourtant un procédé aussi dangereux pour
celui qui l'emploie, que pour celui contre lequel il est di-
rigé. Pendant la guerre de sécession, on vit entreprendre,
à grands frais, en Egypte et en Algérie, des plantations
de cotonniers qui, dès la fin de la guerre, ne purent ré-

sister aux nouveaux arrivages des Etats-Unis, pacifiés par suite de la différence du coût de production dans ces divers pays.

Le conflit armé n'est pas seul à exercer une répercussion désastreuse sur l'agriculture. La *crainte de la guerre*, sa préparation, devenue aujourd'hui une occupation quotidienne et ininterrompue, suffit à entraver le cours régulier des opérations agricoles. Sous la menace d'un conflit, le fermier ne peut s'engager pour longtemps et il n'est guère possible aujourd'hui d'insérer dans les baux la clause de remplacement à la charge du fermier, que nous avons remarquée dans certains contrats de 1616-1617, où celui-ci s'engageait, en cas de départ pour l'armée, à fournir au propriétaire un nouveau fermier, malgré la sanction illusoire que devait avoir une pareille condition.

Le résultat général est la conclusion de baux de courte durée, l'hésitation dans l'importance des amendements et des avances de tous genres. Une notation numérique donnera une idée de la force productive ainsi détournée en France. L'armée comprend 500.000 hommes ; 300.000 au moins sont agriculteurs (1), les jours de présence au régiment sont d'environ 300 par an ; ce qui fait au total 90.000.000 de journées détournées. En évaluant à 1 fr. 50 la valeur du *travail* quotidien fourni, on obtient le chiffre de 135 millions de francs comme perte annuelle qui augmente d'autant le coût général de la production.

----

(1) Il faut noter qu'à 21 ans, le jeune cultivateur profite directement au fonds familial, alors que l'ouvrier n'est qu'apprenti et en tous cas ne profite qu'à lui-même.

§ 3. — Causes sociales

Les causes de crise d'origine politique, tenant à la vie publique des nations, se manifestent vivement aux yeux de l'observateur ; il en reste une trace précise dans l'histoire des pays ; il n'en est pas de même des causes sociales, qui prennent naissance dans les mille mouvements de la vie privée des peuples, sous l'influence de conceptions plus ou moins passagères et variées.

Pour arriver à des conclusions précises, il est nécessaire de distinguer le régime des deux éléments de cette société :

1° Les personnes ;

2° Les biens.

1° *Les personnes.* — Actuellement, deux très graves courants se manifestent particulièrement dans la population française et peuvent avoir les plus fâcheuses conséquences pour l'autorité internationale de ce pays, et son influence économique, politique et militaire vis-à-vis des autres nations.

« M. Deschanel disait, dans un discours récent, deux fléaux menacent la France : la dépopulation et l'alcoolisme. Or, la crise agricole, la mévente des produits de la terre est la principale et la plus puissante cause qui pousse le petit propriétaire, l'ouvrier agricole à abandonner la maison paternelle et son champ, qui le traîne pour ainsi dire vers les grandes villes, vers un eldorado chimérique et trompeur qui l'incorpore insensiblement et malgré lui, grâce au chômage et à la misère, sa compagne inséparable, dans cette grande armée du vice et de la débauche qui grossit de jour en jour et menace la société dans ses libertés, dans son activité et jusque dans son existence (1) ». C'est généralement sous cet aspect, comme des conséquences de la crise agricole, que l'on envisage ces deux malheureux phénomènes, alors qu'en réalité, ils en sont plutôt les causes.

La diminution de la population dépend de deux faits : l'émigration en ville ou à l'étranger, le faible nombre de naissances.

(A) *Émigration en ville.*

— Pour les garçons, une émigration temporaire est aujourd'hui obligatoire, nous l'avons vu, par suite du service militaire. Le résultat est de détourner de l'agriculture les esprits d'initiative et d'introduire dans les campagnes des habitudes nuisibles : dont l'alcoolisme.

Pour les filles, l'esprit du gain, les tentations frivoles, l'agrément d'un travail qu'elles jugent moins rude que celui de la campagne, sans doute parce qu'elles le font dans un costume qui, chez elles, est celui du dimanche, sont les mobiles les plus habituels de cet exode, où la crise agricole n'entre pour aucune part. Le caractère de cette émigration est cependant, pour beaucoup, seulement temporaire et un grand nombre de ces femmes reviennent se marier au pays, après avoir amassé une petite dot sous forme d'un livret de la Caisse d'Épargne ou de valeurs à lots.

Ce séjour « à la ville » amène deux résultats: 1° la diminution permanente du nombre des ouvriers valides, l'émigration temporaire étant alimentée sans cesse par un nombre égal de recrues.

2° L'introduction de satisfactions factices et superflues

_____

(1) Comice agricole du Vigan. 1897. Discours de M. Perrin.

augmentant le coût de la vie des travailleurs, au détriment de leur bien-être ; le tout entravant le fonctionnement régulier de la production agricole.

Émigration à l'étranger.

Il est un autre genre de dépopulation qui se manifeste par l'émigration à l'étranger ; pour ceux-là, il est souvent exact de dire que c'est par suite de la crise qu'ils s'expatrient, mais il y a aussi chez eux une certaine tentation de faire rapidement fortune, à l'exemple de quelques compatriotes favorisés. Ce mouvement serait moins dangereux que le précédent, si cette émigration était dirigée sur les possessions d'Outre-mer des métropoles, il est extrêmement regrettable, comme en France, quand les nationaux vont se fixer dans des pays étrangers. Il y a environ 40.000 Français établis sur les bords de la Plata et depuis une vingtaine d'années, l'émigration a pris dans les départements méridionaux, des proportions de plus en plus fortes, et à beaucoup d'égards, fâcheuses. Elle est très sensible dans le département des Basses-Pyrénées, surtout dans les arrondissements d'Oloron, d'Orthez, de Mauléon, de Bayonne, de la plaine de Navarreux et le pays basque. Elle a gagné les départements voisins et on cite dans la Haute-Garonne et dans l'Ariège, des villages devenus entièrement déserts (1). Les émigrants sont des jeunes gens des deux sexes, cultivateurs et ouvriers dont l'âge varie entre 16 et 30 ans. Ils partent pour Buenos-Ayres, Montévideo, la Vera-Cruz, pour la Californie, le Brésil et

_____

(1) M. Cornélis de Witt cite dans sa brochure : *Une commune rurale en 1896*, le village de Laparade (Lot-et-Garonne) où la population de 1108 habitants en 1836, n'était plus, en 1876, que de 903 personnes, pour tomber en 1896 à 708, soit une perte de 400 habitants depuis 64 ans, et de 195 depuis 20 ans.

le Chili. Le motif qui détermine très souvent les garçons à cette expatriation, est la crainte du service militaire ; subsidiairement ils nourrissent l'espoir de faire fortune, telle est la seule ambition des filles.

Ce dépeuplement a pour première conséquence l'abandon des fermes et des industries locales, et cet abandon lui-même, en augmentant l'étendue déjà trop grande des terres en friche, vaines ou marécageuses, favorise l'insalubrité et prépare le déclin physique des populations restantes (1).

(B) Diminution du nombre des naissances.

Ce n'est pas là non plus une conséquence de la crise. Les pays prospères, a-t-on remarqué, sont loin d'être les plus prolifiques et on cite ordinairement l'exemple devenu classique de la Bretagne d'une part, de la Normandie et la Côte-d'Or, de l'autre. A notre avis, et envisageant le seul lien qui rattache cette question complexe à notre sujet, nous pensons que c'est une conséquence pure et simple de l'aspiration au bien-être « artificiel », contractée lors de l'émigration temporaire dans les villes, et incompatible avec les soucis que procure une nombreuse postérité, aux dépens du bien-être « normal » dont cette même postérité est un des éléments essentiels.

La question de l'alcoolisme est intimement liée à la précédente : la consommation des spiritueux est une des manifestations les plus exigeantes de cet ensemble de besoins artificiels, de beaucoup la plus dangereuse de

____

(1) Le reboisement des montagnes contribue beaucoup à la dépopulation de certaines régions. Les achats de terrains portent en effet, non seulement sur des terres en friche, mais aussi sur des prés et même des habitations. C'est, ainsi que tout le village de Saint-Sauveur des Poureils, canton de Trèves (Gard), a été acquis par l'Administration forestière et que la commune qui porte ce nom a son siège à Camprieu, un ancien hameau voisin.

toutes, car elle s'attaque à la fois à l'élément matériel qu'elle appauvrit, à l'élément personnel qu'elle paralyse.

La *Revue d'Hygiène* (fascicule de novembre 1896), nous donne un aperçu de la situation, d'autant plus saisissant qu'il est restreint à une unité territoriale, comme on en a tous les jours sous les yeux, et ne laisse pas dans l'esprit, l'impression trop vague des statistiques plus vastes. « Prenant un canton quelconque sur les 19 que j'ai étudiés, dit l'auteur, celui de X. aux portes de Caen (Calvados), sur les 26 communes qui le composent ayant une population de 9.325 habitants, 14 communes possédant 6.247 habitants ont eu 95 naissances et 203 décès, 26 mariages et 14 filles-mères, 57 conscrits dont 20 réformés et 12 ajournés.... En somme, le résultat de l'alcoolisme ou des maladies qu'il entraîne, se traduit pour les 200 localités que j'ai visitées, par une diminution de 5,000 habitants dans un laps de 15 années ». Le même médecin signale que dans un très grand nombre de communes, les cultivateurs vendent l'eau-de-vie à leurs ouvriers. Chaque soir, après le travail, ceux-ci se réunissent dans une salle de la ferme et jouent les consommations. Le maître ne prend jamais part au jeu, se contentant de pousser à la dépense ; « aussi arrive-t-il fréquemment qu'à la fin de la quinzaine, l'ouvrier ne touche non seulement aucun salaire, mais encore il doit à son patron. »

Dans certaines parties de la Bretagne, les femmes boivent plus que les hommes ; dans la région montagneuse des Vosges, où nous avons visité près de 40 exploitations, la famille tout entière s'adonne à l'ivrognerie et il n'est pas rare de voir donner aux enfants, à la sortie de l'école, en guise de « goûter » un peu d'eau-de-vie de pomme de terre dans laquelle ils trempent leur pain.

On se rend compte facilement de la répercussion, sur

le rendement de la production agricole, de ces habitudes déplorables qui nuisent à la fois à l'élément personnel au point de vue de la quantité et de la qualité.

2° *Les Biens.* — Il faut envisager les biens fonciers, pris en eux-mêmes comme simples unités de propriété, sous deux aspects, pour apprécier exactement les causes qui lui sont inhérentes et peuvent exercer une influence sur le coût de la production :

1° Quant à l'acquisition et à la conservation de ce droit ;

2° Quant à sa dévolution.

Il est évident que le caractère plus ou moins onéreux de ces faits aura une répercussion immédiate sur la production, répercussion d'autant plus grave qu'elle se produit à la base de cette production, avant même sa mise en activité.

Acquisition et conservation

Les charges fiscales sont les plus connues de celles qui frappent les mutations de propriété : elles ne sont pas les seules ; les frais d'actes notariés, les honoraires des courtiers viennent, dans beaucoup de cas, se joindre à elles et constituent une sorte de confiscation partielle du fonds. Malgré le régime extrêmement défectueux des mutations, particulièrement en France, il ne faut pourtant pas en exagérer les conséquences, surtout au point de vue agricole. Cette charge est en effet supportée, malgré l'apparence contraire, par le vendeur, c'est-à-dire, celui qui abandonne l'exploitation rurale, car il est bien évident que le montant des droits imposés légalement à l'acquéreur a dû entrer en ligne de compte quand le prix a été stipulé. Cette charge est en outre fortement atténuée par la fraude, bien difficilement répressible, sur l'expression des prix lors des déclarations au fisc.

Les impôts directs, avec leur inexorable périodicité, pèsent lourdement sur le revenu annuel du paysan qui, en fin d'année, voit près du quart de ce revenu entrer dans les caisses de l'État.

La conservation et l'entretien du fonds, sous forme d'engrais de plus en plus chers, rendus indispensables par l'exploitation intensive, grèvent également le modeste budget qui trop souvent s'en trouve déséquilibré.

Outre ce prélèvement en numéraire, le cultivateur est aussi en proie à une exploitation à laquelle on prête trop peu d'attention, du fait des vagabonds et des maraudeurs. En France (1), par suite de la trop grande bénignité des lois répressives, près de 250.000 individus vivent aux dépens de la campagne; en évaluant au chiffre minimum de 0 fr. 50 leur « butin » quotidien, on obtient la somme respectable de 55 millions prélevée annuellement en nature, surtout sur les petites fermes, par ces maraudeurs professionnels.

Dévolution.

Nous avons déjà fait remarquer l'influence désastreuse des legs préciputaires faits aux aînés dans certaines régions de la France. Mais une dévolution héréditaire sur le pied d'une stricte égalité n'est pas non plus sans inconvénient; elle aboutit maintes fois à un morcellement extrême qui devient un obstacle à une culture rationnelle, s'il s'agit de plusieurs parcelles appartenant au même individu, ou encourage la création de purs champs

(1) Rapport sur l'organisation de la police rurale, *J. O.* 19 nov. 1897, n° 2824.

d'entretien, si le nombre des très petits propriétaires augmente démesurément : « Une contrée, dit Roscher (1), toute partagée en corps de biens comprenant un train de culture de 4 à 6 bêtes de trait offrirait l'image du bonheur dans la médiocrité se suffisant à elle-même. Mais si ce partage s'étendait au monde entier, chaque district se développerait isolément, aucun ne s'appliquerait à exceller en quoi que ce soit et tout commerce tomberait ». Le même auteur ajoute, avec quelque raison, que le morcellement trop faible vaut mieux que le morcellement outré, en ce qu'il est plus facile de remédier au premier.

L'Allemagne tend à restreindre les défauts de la dévolution héréditaire soit en conservant le fonds en totalité (2) à l'aîné, à charge d'y entretenir, en quelque sorte comme associés, ses frères et sœurs (3), soit en facilitant, par une procédure spéciale, l'échange des biens ruraux de façon à former des agglomérations plus compactes dans la main de chaque propriétaire (4). La France l'avait précédée dans cette dernière voie ; la loi du 3 novembre 1884 accorde, en effet, d'importantes immunités fiscales aux mutations de ce genre.

(1) *Traité*, p. 206.

(2) Un bien rural n'est pas une marchandise quelconque susceptible d'une division indéfinie. Il en est des exploitations rurales comme des diamants : deux diamants de 10 carats sont loin d'en valoir un de 20. Il faut un droit successoral qui, sans être une gêne pour le propriétaire, empêche un morcellement néfaste.

De même qu'on n'a pas hésité à sortir du droit commun lorsqu'il s'est agi de réglementer les actes de commerce, et qu'on a tenu compte de certains usages particuliers, de même il faut une législation spéciale pour régler la transmission des biens ruraux.

Buchemberger cité par M. Blondel, p. 434.

(3) Dans les pays où existe l'Anerbenrecht : le bien rural immatriculé sur le registre spécial (Hoferollen) est toujours transmis entier.

(4) Loi du 4 mai 1885 sur le remembrement par échanges : Zusammenlegung.

Toutes ces charges ou défectuosités, se superposant, s'enchevêtrant en quelque sorte, ont un résultat unique *l'endettement* qui, pour la France rurale, n'est pas inférieur à 14.500 millions, et d'autre part, si on remarque que la plus grande partie de ces causes tiennent soit aux impôts, soit aux législations défectueuses, on est parfois tenté de se demander, quand on a vécu avec les paysans, si les services rendus sont proportionnés aux sacrifices exigés : tout au moins doit-on conclure qu'un peu de protection leur est indispensable.

§ 4. — Incidence des crises tant du fait de la baisse des prix que de la hausse du coût de production.

Les crises économiques ont ceci de particulier, qu'elles pèsent plus ou moins lourdement sur les cultivateurs selon qu'ils appartiennent à une des trois catégories ci-après :

1° Petit propriétaire produisant lni-même, en famille, de la valeur d'usage ;

2° Gros propriétaire exploitant lui-même, avec des domestiques, et tendant à obtenir de la valeur d'échange ;

3° Fermier gros ou petit, visant également à la valeur d'échange.

Il est naturel que le premier est à l'abri des variations des cours provenant de la concurrence étrangère ; il trouve dans son fonds, tous les approvisionnements nécessaires à sa subsistance et aux semences des années suivantes. Son personnel est très restreint, son modeste budget n'est grevé que de peu de dépenses se traduisant par une sortie de numéraire. On trouve dans certaines régions, des familles de cultivateurs chez les-

quelles le mouvement annuel d'espèces, est à peine de
120 à 150 .francs et ce numéraire, on se le procure ha-
bituellement en louant provisoirement son travail à un
exploitant plus important. C'est, sauf ce dernier point,
la vie primitive, la vie naturelle ignorante malheureusement du bien-être et du progrès aussi bien intellectuel et moral que matériel. Cette classe forme en France
une partie importante de la population ; on a calculé
(statistique de 1882) que plus de trois millions d'agriculteurs avaient un revenu annuel inférieur ou égal à 300
francs ; c'est cette classe qui est la plns intéressante, mais
en même temps, celle qui semble éprouver le moins le
désir de voir la situation modifiée par l'introduction des
réformes proposées ou adoptées.

Tout autre est la situation du grand propriétaire possédant plus de 30 à 40 hectares qu'il exploite lui-même.
Il vit bien avec sa famille sur la propriété qu'il habite,
il y trouve sa subsistance, mais il est grevé de frais
considérables ; son train de culture est beaucoup plus important, il doit faire un appel permanent à la main-
d'œuvre mercenaire pour la surveillance des troupeaux
et les soins des récoltes. Si, par exemple, le prix du blé,
à 20 francs, représente le chiffre permettant l'équilibre
de ses recettes et de ses dépenses, une crise maintenant
ce cours pendant plusieurs années, le réduira à la même
situation que le petit propriétaire ; il assurera sa subsistance et celle de ses auxiliaires, mais il se trouvera
dans l'impossibilité d'améliorer son fonds et d'y consacrer un capital que les prêteurs sauraient d'avance peu
productif. Si ce cours s'abaisse à 19 francs, et qu'aucune espérance de relèvement ne lui reste, il préférera
réduire son exploitation, laisser en friche une partie de
ses terres et limiter son travail à la production de ce
qui lui est nécessaire pour vivre.

Là encore, il aura un avantage sur le fermier : par
suite de l'attachement naturel du paysan à la terre *sienne*
qui le fait hésiter à l'abandonner pour tenter fortune
ailleurs, il essayera tout ce qui est humainement possible pour remédier à la crise et par un choix raisonné
de ses cultures, l'introduction de procédés nouveaux
qu'il aurait méprisés sans cela, quoique avantageux, il
parviendra parfois à regagner le bien-être compromis ;
il se considérera propriétaire de sa terre une seconde
fois pour ainsi dire, et si un nouveau danger le menace,
il aura plus de confiance en lui, plus d'espérance dans
son succès.

Le fermier est de ces trois genres de producteurs celui dont la situation est la plus délicate et des plus di-
gnes d'intérêt, par suite de la force morale et de la force
économique dont il doit faire preuve. C'est ordinairement un petit cultivateur qui, poussé par le désir de
sortir de l'état de gêne permanent, qui est la situation
trop fréquente de ces derniers, ne craint pas d'augmenter sa part de soucis et d'inquiétudes. Il est très souvent
sans avances et il lui faut un certain courage pour affron-
ter les risques considérables d'une exploitation importante.

De même que les deux autres catégories, il aura sans
doute en permanence la vie matérielle stricte assurée,
mais, outre la remunération de son travail personnel, l'a-
mortissement de ses emprunts inévitables, il est grevé
d'une lourde charge : automatiquement, chaque année,
l'échéance du prix de ferme vient prélever, sous forme
de numéraire, la plus grande partie de son fonds de roulement. Souvent même il doit payer aussi les impôts
fonciers ou autres et, en fin d'exploitation, il est heureux
s'il a pu réaliser un bénéfice sous forme d'augmentation de cheptel ou de perfectionnement de ses instruments aratoires.

La moindre crise produit sur lui un effet immédiat.
De ses trois buts :

1º Assurer son existence matérielle ;

2º Payer son fermage ;

3º Alimenter la terre, perfectionner ses procédés ;
l'alimentation de la terre est sans contredit le plus
important, car il est de l'intérêt aussi bien du propriétaire
que du fermier, de maintenir la fécondité du capital foncier. Or, si en cas de crise, certains propriétaires, non-
exploitants n'hésitent pas à renoncer à tout ou partie du
prix qui leur est dû, pour permettre de donner au sol
les soins complets qu'ils réclame, il en est d'autres, le
plus grand nombre, moins conscients de leur rôle ou, il
faut bien le reconnaître, poussés par les nécessités d'un
train de vie coûteux, qui exigent avant tout le paiement
du terme (1).

Le fermier sous le coup d'une menace d'éviction dont
le caractère illusoire lui échappe, souvent s'exécute au détriment de la récolte prochaine. Les crises pèsent donc
plus lourdement sur lui que sur tout autre ; l'amélioration
du sol *n'a pas de limite* et quel que soit, dans l'ordre des
choses possibles, le revenu net tiré d'une terre, il ne
pourra trouver un meilleur placement que de le consacrer à cette amélioration. Or, si, à la suite d'un malaise
économique, il doit diminuer cet usage d'un revenu qui

(1) Malgré l'apparence contraire, la culture partiaire à mi-fruit n'est
pas un remède à cette situation : supposé qu'une récolte d'avoine fournit
un produit brut de 125 francs par hectare avec 45 francs de frais, et
une récolte de froment 250 francs, avec 120 francs de frais, le fermier
proprement dit préférera cette dernière, le métayer la première. Par ce
fait, les métayers français, d'après H. Passy, ne cultivent guère que les
céréales communes. Mathieu de Dombasles mentionne des biens dans le
Berry et le Poitou qui rapportent deux mille francs à leur propriétaire,
mais qui pourraient, si l'on supprimait la culture partiaire, donner avec
l'aide d'un capital de 150.000 francs, au bout de deux ans, un produit
net de 30.000 francs. D'après Roscher, p. 239 et suiv.

aura presque disparu, par le seul jeu des lois économiques et par l'effet d'une véritable progression géométrique il sera amené, chaque année, à voir sa situation empirer et pour peu que la crise persiste, il sera acculé à la ruine.

En résumé, le seul moyen propriétaire (5 à 6 hectares) peut donc résister aux crises, en l'état actuel de la situation européenne ; mais en dehors de l'espèce d'assurance de subsistance que lui procure une propriété de ce genre, il ne pourra espérer lutter contre les gros producteurs du « nouveau monde ». Il y a là un problème nouveau, inquiétant, qui se pose devant le « vieux monde » exposé à perdre graduellement tous les fruits de son labeur séculaire et de son génie. « Encore quelques années, et si les nations européennes, au lieu de s'épuiser en armements et en luttes économiques, ne prennent pas des mesures pour se défendre contre l'envahissement des peuples nouveaux, c'en sera fait de notre prépondérance, de notre civilisation, de notre bien-être. »

Nous allons essayer de tracer les bases de cette défense préventive, et « offensive » même, et de déterminer leur valeur relative.

(1) Comice agricole du Vigan 1897. Discours de M. Gaussorgues, député.

TROISIÈME PARTIE

LES REMÈDES

CHAPITRE I

ORGANISATION DE LA DÉFENSE DU BIEN-ÊTRE DES POPULATIONS RURALES

L'ensemble des mesures proposées, ou prises, pour remédier à cette situation troublée, est connu sous le nom de « protection agricole », rubrique générale, sous laquelle on range toutes les propositions tendant à lutter contre les abus, dans leurs causes et dans leurs effets, à fortifier les organismes sains et à leur donner les armes qui leur permettront de soutenir le combat de la concurrence. Remèdes innombrables, dont l'examen détaillé sortirait du cadre de notre étude, qui s'inspirent tous de deux grands mouvements économiques ou sociaux: l'introduction des procédés scientifiques de culture intensive d'une part, l'association de l'autre, exigeant tous deux la mise en œuvre d'un capital important.

Cette expression de « protection de l'agriculture » a un grand défaut, elle semble laisser entendre qu'une tutelle, une sauvegarde est indispensable à cette industrie pour ne pas déchoir, ou même pour exister; nous verrons, au contraire, que l'agriculture peut trouver en elle-même des armes qui la mettent sur un pied d'égalité avec les industries manufacturières.

1. — ORGANISATION DES FORCES PRODUCTIVES

§ 1. — De la nécessité périodique de numéraire dans l'industrie agricole : Le Crédit.

En parlant de la nécessité d'un capital pour l'industrie agricole afin de se mettre en état d'entrer énergiquement dans la voie du progrès, nous avons énoncé le point le plus délicat de l'économie rurale moderne.

Si on prend, à leur origine, les industriels manufacturiers, on voit la plupart d'entre eux débuter, sans rien leur appartenant en propre, avec la seule énergie d'une vigoureuse initiative, mais abondamment pourvus, par des tiers, des fonds indispensables, sans autre garantie que leur valeur personnelle. Au lieu de cela, l'agriculteur, possesseur de sa terre ayant une valeur intrinsèque indiscutable, quoi qu'il arrive, ne peut trouver ce capital que très difficilement, si difficilement que le fait est considéré comme un danger social et économique et que tous les législateurs, toutes les institutions publiques ou privées qui s'intéressent à l'agriculture tendent à lui procurer ce levier qui lui manque. D'où vient cette différence de traitement entre ces deux catégories d'industrie ? Il y a certainement une explication à cette réserve des capitalistes à l'égard des prêts agricoles.

A notre avis, le véritable motif en est dans le spectacle des gains énormes qu'a procurés l'industrie manufacturière, au début de ce siècle, à ses prêteurs, à côté du profit très maigre, qu'au même moment, les cultivateurs retiraient de leur terre. Le revenu de la terre, dans l'ancien continent, est presque *fixe* et ne peut dépasser un certain taux ; l'apport d'un perfectionnement fera bien rendre à une exploitation un bénéfice *certain*, mais ce bénéfice, on ne courra jamais la chance de le voir atteindre le chiffre auquel sont parvenus tant de placements célèbres : les mines d'Anzin, le canal de Suez, etc. Cette chance, ce risque, c'est une vérité bien humaine, tente davantage le capitaliste que le placement de tout repos d'un prêt agricole, et, de plus, depuis quelques années, courir ce risque est presque devenu une nécessité par suite de la baisse continue de l'intérêt.

Tous ces motifs ont détourné, du moins en France, l'épargne individuelle du crédit agricole, aussi ce sont des sociétés anonymes comme le Crédit foncier (1), qui, jusqu'à ce jour, ont rempli ce rôle et bientôt ce seront des banques officielles, sinon des banques d'État, qui se substitueront à elles. Il faut tenir compte aussi de la puissance énorme d'épargne de l'agriculture qui, jusqu'à ce jour, a pu parer aux dangers les plus pressants et suppléer à l'insuffisance de son capital de roulement.

Très difficile à se procurer, quand il a cette garantie réelle que présente rarement l'industrie manufacturière, il est naturel que le crédit est introuvable quant il n'offre comme gage que l'activité d'un homme, son intelligence et sa force de travail. L'usage régulier du crédit personnel est ainsi devenu, en agriculture, une exception.

Cette difficulté de se procurer facilement du numéraire a une conséquence fort grave pour l'agriculteur ; il est *contraint*, au lendemain de sa récolte, de réaliser, par suite du manque de fonds, le prix de tout son travail de l'année. Cette situation le met à la merci des intermédiaires qui, spéculant sur cette affluence d'offres, obtiennent des

---

(1) Le Crédit foncier lui-même a dû sacrifier à ce goût du capitaliste pour les gains disproportionnés avec les fonds engagés, en attachant à ses obligations l'espoir d'obtenir un *lot*.

prix très bas, alors que quelques mois après, le cultivateur, dépourvu de son stock, voit le cours remonter sous
l'influence des demandes des véritables consommateurs
qui s'adressent aux intermédiaires.

Quels sont les remèdes applicables à cette situation ?
Il y en a trois en présence :

Le crédit personnel ;

Le crédit réel mobilier ;

Le crédit réel immobilier.

Actuellement, le cultivateur a d'abord recours au crédit immobilier et même, on peut dire qu'il a presque
uniquement recours à lui. Or, ce mode d'emprunt est
extrêmement onéreux, le remboursement n'est nullement
encouragé par le prêteur et il est bien rare, en fait, de
voir cet appel au crédit ne pas se transformer en une
sorte d'aliénation occulte du droit de propriété.

Quant aux agents de distribution du crédit ce sont, soit
des banquiers locaux, soit des rentiers, soit des sociétés
spéciales comme le Crédit foncier de France. A côté
opère la corporation trop nombreuse des usuriers, dont
nous avons donné un exemple dans la partie monographique de cette étude (Prêts indirects sur bestiaux).

Les banquiers et les rentiers voient, dans les avances
faites à l'agriculture, un placement *à longue échéance* dont
ils se refusent à faciliter l'amortissement ; les organes
anonymes de Crédit foncier se prêtent seuls à des opérations de ce genre. C'est contre ces défauts du régime
actuel de crédit agricole que tendent à réagir toutes les
mesures proposées jusqu'à ce jour.

Au gage réel immobilier, véritable diminution du droit
de propriété de l'agriculteur, on veut substituer le gage
réel mobilier sur les produits annuels de son travail, et
le prêt à courte échéance, à remboursement facile, sans
autre garantie que la valeur personnelle de l'em-

prunteur ou de ses cautions. C'est dans cette troisième forme que l'on pourra trouver le remède le plus sûr et le plus efficace à la situation actuelle, les deux autres formes ne devant être utilisées qu'à la dernière extrémité, comme suprême réserve.

La réalisation de pareils organes de crédit présente une grande difficulté : rien n'est mobile comme le résultat de la culture annuelle d'une exploitation ; le risque, non pas peut-être de perte de la somme prêtée, mais du retard dans le payement, est toujours présent à l'esprit du capitaliste, et s'il a une confiance suffisante dans l'agriculteur pour ne pas exiger un gage immobilier, le *taux de l'intérêt* se ressentira néanmoins de cette situation.

Ce prêteur (société ou individu) a aussi souvent pour emprunteurs une catégorie spéciale de cultivateurs très gênés, pour lesquels le recours à l'emprunt est périodique, soit en vue de l'amortissement d'obligations antérieures exigibles, soit pour régulariser des avances déjà faites : ceux-là n'ont rien à attendre d'une réforme quelle qu'elle soit ; le prêt qui peut leur être consenti, il est cruel de le reconnaître, ne leur sera jamais véritablement *utile*; grevés irrémédiablement, ils n'ont qu'à substituer une aliénation partielle ou totale, mais apparente, à l'aliénation occulte qui les accable.

En dehors de ce cas particulier, l'établissement qui livre ses deniers a, avant tout, un but commercial : la réalisation d'un bénéfice ; en présence des facilités de recouvrement des prêts commerciaux urbains, et de la surveillance effective des renseignements sur la solvabilité des souscripteurs, comparées aux complications d'un service rural de même nature, il est évident et naturel qu'il réserve sa préférence aux autres, à taux égal d'intérêt.

L'organe distributeur de crédit agricole devrait donc présenter deux caractères :

1° Limiter ses opérations à des prêts accidentels, pour ainsi dire, ayant comme but un emploi direct sur le fonds, et remboursables à court terme, 8 à 15 mois, au moment de la réalisation de la récolte pendante.

2° Ne compter que sur l'élément capitaliste agricole, n'avoir pas en vue la réalisation d'un bénéfice commercial. Ce ne pourra donc être qu'un organe corporatif, coopératif, aidé aussi par des secours.

Le recours gratuit à l'État ou à des particuliers, paraît contraire aux saines doctrines économiques, il est difficile cependant qu'il en soit autrement. Cet établissement ne pouvant être que corporatif, aura son capital formé uniquement par les apports de ses membres, et pour emprunteurs, les mêmes membres ; si les agriculteurs font partie de cette société, c'est en vue d'y avoir recours, non pas au premier désir, c'est vrai, mais à la première nécessité. Or, l'établissement étant régional, il est à craindre que cette *nécessité* soit la même pour tous, de sorte que l'avantage cherché serait nul. Le but obtenu par la constitution de pareilles sociétés, livrées à elles-mêmes, est pourtant déjà précieux ; il substitue à la garantie d'un seul individu une garantie collective qui n'est pas illusoire, grâce à l'intérêt des adhérents, à ne pas admettre, parmi eux, les membres douteux. Mais, pour assurer leur *fonctionnement* utile, il est indispensable de voir intervenir un organe plus puissant qui, confiant dans cette garantie collective, consente à leur servir lui-même de caution vis-à-vis des établissements commerciaux qui, ainsi rasssurés sur la marche régulière de l'opération, consentiront à l'effectuer à bien meilleur compte. Mais cette caution au second degré n'est pas de pure forme, on y aura recours à maintes reprises, pour assurer provisoirement le service des intérêts, sinon celui du capital. Cette dernière fonction rentre dans la partie éducatrice du rôle de l'État ; c'est dire qu'elle ne doit qu'être temporaire sous forme d'*intervention dirècte,* mais elle sera, en somme, permanente, quant à son rôle de garantie indirecte, et de surveillance, car elle ne devra cesser que lorsque, grâce à son intervention gratuite, les organes corporatifs auront une *réserve* suffisante pour fonctionner sous leur seule responsabilité. Ce régime est sur le point d'être pratiqué en France.

Jusqu'à ce jour, le fonctionnement du crédit agricole y a présenté les caractères de chérté et de complication juridique qui n'ont pas peu contribué à porter au chiffre énorme de près de 15 milliards, la seule dette hypothécaire du pays.

Après l'échec de la Banque centrale de Paris, en 1860, dont les fonds restèrent inutilisés par suite de l'éloignement du siège de cette société, la loi du 24 juillet 1867 avait bien ouvert, par la création des sociétés à capital variable, la voie d'une réforme pratique. Mais, dans l'ensemble, ces organismes ne fonctionnèrent qu'à titre exceptionnel : le recours simultané à une ressource commune fit disparaître bon nombre d'entre eux ; il leur manquait un tuteur; de même que les Compagnies d'assurances contre l'incendie, à leur originè, elles avaient besoin de toute la bienveillance gratuite de l'Etat.

La loi du 5 novembre 1894 a créé de toutes pièces un type légal de société agricole ressemblant beaucoup à la société à capital variable, mais soumise à trois conditions ayant en vue la sécurité des opérations et la substitution de la mutualité à la coopération :

1° Choix des membres uniquement dans les syndicats agricoles. Dépôt annuel de leur liste au greffe de la Justice de paix;

2° Réserve des 3/4 des profits pour la constitution d'un fonds de réserve;

3° Solidarité de tous les sociétaires jusqu'après la liquidation pour toutes les opérations antérieures à leur sortie.

En échange, il est accordé à la société l'exonération des droits de patente et de la taxe de 4 0/0 sur le revenu.

Cette loi était insuffisante ; ce deuxième pas dans la voie du progrès ne donna pas immédiatement les résultats qu'on en attendait.

Il manquait l'organe supérieur de garantie : le projet de loi déposé par le gouvernement, le 20 décembre 1897, le crée sous forme de caisses régionales de crédit agricole. Ces établissements, formés de l'ensemble des sociétés de leur arrondissement, auront pour but d'escompter les effets présentés par les caisses cantonales et de les réescompter à leur tour à la Banque de France, après avoir apposé sur les effets leur signature, comme *troisième* nécessaire. Pour leur faciliter ces opérations, l'Etat leur attribue une dotation de 40 millions à titre *d'avance* sans intérêt (provenant d'une clause imposée à la Banque de France lors du renouvellement de son privilège). De plus, jusqu'en 1913, il leur est abandonné au même titre d'avance, une somme annuelle de 2.000.000.

Ces banques devront étudier la création de greniers, de magasins généraux, enfin de tout ce qui concerne les avances à faire aux agriculteurs. L'ensemble de l'institution paraît complet, le concours indispensable de l'initiative privée semble devoir lui permettre de remplir son rôle.

En Allemagne, la question du crédit agricole se présente sous un aspect particulièrement intéressant. Par une coïncidence curieuse, dans ce pays, où l'ingérence de l'Etat est plus active qu'en France, dans les questions de mutualité et d'assurances, c'est à l'initiative privée

que l'agriculture est surtout redevable des organes les
plus perfectionnés et les plus prospères de l'Europe. Outre
les banquiers locaux, les rentiers et les usuriers, l'Allemagne a, en effet, un ensemble important d'institutions
coopératives ou mutuelles. Parmi les premières : les
Landschaften, sociétés de propriétaires pour prêts sur hypo
thèque, d'abord intermédiaires avec les prêteurs, sont
aujourd'hui des agents directs de prêts à un taux modéré
de 3 0/0. Elles émettent, en échange des hypothèques
qu'on leur apporte, des lettres de gage « Pfendbriefe » ne
portant aucune indication d'hypothèque particulière et
gagées par l'ensemble des biens de la Landschaft. Il y a
de plus un Centrallandschaft, permettant à la Landschaft
pauvre d'avoir du crédit à bon marché. Ces banques
facilitent de plus l'amortissement par petites fractions.

Mais c'est surtout par la prospérité de ses organes de
crédit personnel mutuel que l'Allemagne se fait remarquer. Ces organes sont divisés en deux catégories prin-
cipales portant le nom de leurs fondateurs : les caisses
Raffeisen et les caisses Schultz Delitzsch.

(*a*) Raffeisen s'inspire d'un haut principe de solidarité :
« aidez-vous les uns les autres ». Dans ces associations,
des groupes de paysans peu nombreux (200 ou 300), s'en-
gagent à ne pas hypothéquer leurs terres, grèvent tous
leurs biens pour garantir les dettes communes, et ver-
sent une « part d'affaires ». Les fonctions gratuites sont
confiées à des agents du Trésor et les prêts ne sont con-
sentis qu'avec indication précise de leur but. Quant aux
bénéfices, s'il en est réalisé, ils ne sont pas partageables
et sont versés à la Caisse centrale de Neuwied, destinée
à faciliter le développement de l'institution et des connaissances professionnelles. Ces caisses sont au nombre
de 9.000.

(*b*) Les banques de Schultze Delitsch ne s'adressent

pas seulement aux paysans : leur caisse est ouverte à tous, elles ne font pas de sentiment ; leur maxime est « aide-toi toi-même ». Elles cherchent, afin d'augmenter leurs affaires, à abaisser l'intérêt de l'argent qu'elles prêtent, à élever celui de l'argent qu'elles reçoivent, on comprend que la contradiction de ces deux tendances ne soit pas sans danger, aussi les pertes sont-elles fréquentes ; mais là où Raffeisen cherche à diminuer le risque par la qualité des membres, Schultze Delitsch y tend et y réussit par la division du risque, grâce à la grande quantité d'adhérents de ses 2.700 groupements.

D'ailleurs, ainsi que le fait remarquer M. Blondel (1), « ces associations ont été dirigées par des chefs d'une sagesse et d'une hauteur de vue admirables, qui ont su gagner la confiance d'hommes à l'esprit lourd, mais au bon sens solide, et cette sage administration a eu pour résultat de mettre en évidence les avantages de chacune de ses institutions et de réduire au minimum les manifestations de leurs inconvénients ».

Après des tentatives infructueuses pour créer des caisses dirigées par l'Etat et les communes, le gouvernement a dû se contenter d'élaborer une législation spéciale contenue dans deux textes principaux :

1° La loi du 1ᵉʳ octobre 1889. — 1. Les sociétés ne peuvent prêter qu'à leurs membres. — 2. Autorisation de la limitation expresse de la responsabilité des membres (cette clause contraire à l'esprit de ces institutions n'a eu aucun succès). — 3. Les parts d'affaires sont obligatoires. — 4. Le fonds de réserve est inaliénable. — 5. Les unions des sociétés sont autorisées.

2° La loi du 31 juillet 1895. Il est créé une caisse centrale prussienne des associations, fournissant des capi-

(1) *Les populations rurales de l'Allemagne*.

taux à taux modéré et recevant *de l'Etat* une dotation de
20 millions de marks.

Telle est la situation actuelle du crédit mutuel dans
la plupart des Etats européens qui, par des mesures analogues, s'efforcent de procurer à leurs agriculteurs des prêts
à courte échéance ne les mettant pas dans la nécessité de réaliser, coûte que coûte, leur récolte.

Certains économistes ont cherché ailleurs la solution et
ont proposé un remède qui aurait, en même temps, une
influence considérable sur les autres points faibles de la
production agricole moyenne. Ils proposent la création
de *greniers publics*, ou plutôt communs, car cette institution s'inspirerait de la coopération en grand à laquelle
tend en réalité *l'évolution normale*, alors que les intéressés
veulent y voir une tendance à la production en grand
« pure et simple ».

Ces greniers seraient créés sur des centres de moyens
de communications ; leur principal objet serait de permettre au cultivateur qui y aurait entreposé sa récolte,
de souscrire des traites documentaires, des warrants en at-
tendant le moment propice à la vente. Mais ce ne serait
pas là le seul avantage. Les frais généraux de manutention diminueraient dans de fortes proportions ; les intermédiaires verraient disparaître la plus grande part de
leur influence. Chaque petit propriétaire récolte souvent
une seule qualité de grains, ce qui éloigne de lui les offres
importantes, même fractionnées, comme celles du ministère
de la guerre qui veut une qualité moyenne: le grenier
ayant de grandes quantités pourrait facilement créer cette
qualité demandée. On ajoute qu'au point de vue militaire, ce seraient des dépôts toujours prêts qui éviteraient
l'entretien onéreux des immenses magasins de l'administration de la guerre.

On leur reproche, il est vrai, deux inconvénients qui, s'ils étaient fondés, seraient de nature à compromettre leur succès:

1° Les difficultés de comptabilité et d'administration de ces organes ;

2° L'influence qu'ils seraient tentés d'exercer sur les prix, en spéculant à la hausse, par le seul fait de l'existence d'importants approvisionnements.

On répond qu'en pratique, de pareilles difficultés de réglementation ont été surmontées dans les magasins généraux ; quant à la spéculation qui serait tentée, comme elle sera en sens inverse de la spéculation ordinaire, elle ne pourrait arriver qu'à en neutraliser les résultats malheureux.

D'ailleurs, aux Etats-Unis qui, les premiers ont eu recours aux élévateurs et aux silos de conservation, ce service est chaque jour plus apprécié par les agriculteurs.

Il en est de même en Allemagne où les Chambres prussiennes, encouragées par l'exemple venant d'initiatives privées ont voté, en 1896, un crédit de 3.750.000 fr. « pour construction de grands silos, parfaitement outillés, contenant chacun 1,200 tonnes de blé. devant revenir à un prix de 50,000 fr. pièce, » qui appartiendront à l'Etat et seront loués aux associations de paysans, qui les exploiteront.

Une proposition de loi dans le même sens a été déposée à la Chambre française des députés, le 28 octobre 1897 ; il sera intéressant d'en voir décider l'application qui permettra seule de se rendre compte du développement ultérieur que cette mesure pourrait donner au crédit réel mobilier.

Malgré son caractère très onéreux, l'*emprunt hypothécaire* sera toujours la suprême ressource de l'agriculture ; mais, nous l'avons vu, c'est pour lui un premier pas fait vers l'éviction.

Une seule forme de crédit *immobilier* peut lui éviter cette issue, c'est le crédit à long terme avec amortissement annuel. Le Crédit Foncier de France réalise, avec un grand succès, ces opérations qui ne sont d'ailleurs à la portée que de sociétés très importantes, car les petits prêteurs dissiperaient la plupart du temps ces remboursements fractionnés.

Mais, même en y apportant ce perfectionnement, le crédit hypothécaire est un remède dangereux : un agriculteur, ayant emprunté une somme égale au cinquième de la valeur de sa propriété, se trouve dans la situation suivante :

Sa terre valant 50,000 fr., lui rapportait à 5 0/0 :   2.500 fr.
et il ne pouvait continuer l'exploitation. Il emprunte 10,000 fr., à 3 0/0 amortissables en dix ans. Sa charge annuelle sera de 1,300 fr. la première année et 1,030 fr. la dernière soit

en moyenne......................................   1.165 fr.

Total ....   3.665 fr.

Il devra faire rendre à sa terre un revenu de 6 $^1/_{10}$ 0/0 pour se retrouver au même point qu'auparavant. S'il veut augmenter son produit net, on voit de quelle force de travail, de quelle persévérance dans l'économie il devra faire preuve pour supporter cette situation que nous prenons dans les conditions les plus favorables pour lui. Ce résultat ne sera néanmoins heureux que si ce prêt est appliqué à des perfectionnements durables du capital rural, et non à la fourniture des accessoires périodiques de l'exploitation (dont le coût doit normalement pouvoir être prélevé sur chaque récolte), ou encore moins à l'amortissement d'anciennes dettes chirographaires. Il ne faut pas non plus essayer de trop diminuer la charge annuelle par une échéance trop lointaine, car, dans les dernières périodes, cette charge subsisterait encore alors que l'avantage recueilli aurait disparu depuis longtemps.

Malgré le peu d'encouragement que l'économiste doit donner à un instrument de crédit aussi dangereux, il n'en est pas moins à souhaiter que de grandes modifications y soient apportées en France.

Le régime hypothécaire y présente deux défauts considérables (1):

1° La généralité des hypothèques légales, qui enlève à celui qui en est frappé, une partie de son crédit en laissant le prêteur dans l'incertitude sur l'étendue du gage qui lui est donné : d'où stipulation d'un taux de risques élevé;

2° En second lieu, l'inscription des hypothèques sous le nom du débiteur, au lieu de l'être sous le nom de la propriété grevée.

Toute réforme sérieuse du régime hypothécaire français, à ces deux points de vue, est liée à la création d'un instrument révélant au premier examen du titre, le droit de propriété de chacun sur toute parcelle du territoire, d'une façon très précise et indiscutable. En France, il est loin d'en être ainsi; l'élément fiscal et l'élément civil y sont distincts. Le premier, constitué par le plan cadastral et ses annexes, n'offre qu'un caractère purement administratif; tenu au courant d'une façon déplorable, il n'est même, pour l'administration des contributions directes, qu'un instrument défectueux comme base des contributions foncières. Les mutations ne sont effectuées qu'imparfaitement par suite de l'absence d'indication, dans les actes de vente, des numéros et des contenances cadastrales, en vue de faciliter la fraude des

(1) *Revue critique*, 1897, p. 229 M. de Loynes, professeur, à la Faculté de Bordeaux.

droits de mutation en ne donnant au receveur que des indications vagues sur l'importance du fonds. Une loi du 17 mars 1898, promulguée au *Journal officiel* du 19 mars, impose cependant cette obligation sous peine d'amende dans les communes nouvellement cadastrées. Il est à souhaiter que cette mesure soit généralisée.

Quant à l'élément civil, il est fourni par la conservation des hypothèques, agissant plus exactement comme conservation de la propriété foncière, grâce au registre des transcriptions tenu conformément à la loi du 23 mars 1855. Mais, par une anomalie peu explicable, cette transcription est limitée aux transmissions entre vifs, de sorte que les recherches sont entravées, à chaque pas, par suite de lacunes provenant de mutations par décès non mentionnées.

Le remède théorique serait la fusion des deux documents dans un document unique tenant à la fois du système Torrens et du livre foncier allemand, nous voulons parler de la création d'un répertoire cantonal des titres de propriété.

Notre système consisterait d'une part dans l'établissement d'un plan géographique général, très exact, de chaque canton, à une échelle de 1/1000, couvert totalement d'un réseau de carrés de 1 centimètre de côté, formés du croisement de lignes droites dont le point de départ serait numéroté dans les marges : système appliqué dans nombre d'atlas de géographie, en vue de faciliter la recherche, sur la carte, des localités rapertoriées alphabétiquement à la fin du volume, chacun des noms étant suivi des deux chiffres des lignes dont le point de croisement est le plus près de la localité cherchée. Le plan cadastral actuel pourrait au besoin être utilisé dans ce but.

Ce premier atlas établi, il y aurait lieu d'établir sur un papier très transparent et résistant, analogue à celui des dessinateurs industriels, un plan à la même échelle de chaque propriété. Le réseau des lignes transversales étant reproduit sur ces plans partiels, en permettrait le raccord par transparence sur le plan général devenu ainsi une sorte de tableau d'assemblage par superposition.

De cette façon, chaque fois qu'une aliénation se produirait, une modification pure et simple serait faite sur le plan de l'acquéreur et celui du vendeur sans toucher au grand plan général. Un procès-verbal très court serait rédigé, par une commission spéciale, sur ces plans particuliers, dont il serait fait deux expéditions : l'une pour le propriétaire, l'autre chez le conservateur de la propriété foncière. Entouré de toutes les garanties possibles, ce titre ferait seul foi ; les concessions d'hypothèques et de servitudes pourraient y être mentionnées dans les mêmes conditions de sécurité.

Des systèmes analogues ont été appliqués dans les pays neufs où le coût du premier établissement (1) n'entravait pas cette réforme. Malheureusement il est probable que nous attendrons longtemps encore les modifications même partielles du régime de la publicité des transmissions immobilières ainsi que des droits réels immobiliers. « Spécialité, publicité des hypothèques : ces principes sont bien aujourd'hui universellement admis ; il est superflu de les justifier ; le temps n'est plus où on pouvait écrire au sujet de l'édit éphémère de 1673 : « Le Parlement n'eût garde de souffrir un si bel établissement qui eût coupé la tête à l'hydre de procès dont il tire toute sa subsistance » (2). L'importance de la réforme est

(1) Voir notamment le régime de la propriété foncière en Tunisie. Décrets du 14 juin 1886 et 16 mars 1892. Décret du 28 février 1897, et à Madagascar. *J. O.* 23 juillet 1897. Décret du 16 juillet 1897.

(2) M. de Loynes. Loc. cit.

trop grande pour être arrêtée par des considérations de
ce genre.

§ 2. — Nécessité du développement de l'instruction profession-
nelle des populations rurales

L'enseignement est un des facteurs qui doit être utilisé avec le plus de fruit pour mettre en mesure le
cultivateur de ne dépenser qu'à bon escient ce précieux
capital qu'il lui est si difficile de se procurer, et d'en
tirer le meilleur parti possible.

L'agriculture n'est plus, comme autrefois, une science
d'observation, depuis les découvertes des Boussingaul,
des George-Ville, des Risler et de bien d'autres dont la
France s'honore ; elle est devenue une science précise re-
posant sur des données exactes, et qui doit faire l'objet
d'un enseignement régulier. L'idée est tentante, mais la
pratique est d'une réalisation difficile.

En France. l'administration de l'Instruction publique a
à sa disposition, un personnel considérable. Dans le
seul canton de Trèves (Gard), dont nous avons déjà parlé,
le nombre des instituteurs et institutrices s'élève à 18
pour une population de 3.000 habitants à peine. Mais
leur enseignement régulier s'adresse à des enfants de 5
à 12 ans, auprès desquels leurs conseils pratiques d'agriculture ne peuvent recevoir la sanction d'une application
immédiate. Ils doivent se contenter de leur donner des
notions très générales qui, pour quelques-uns, pourront
devenir, dans la suite, le point de départ d'une étude
méthodique.

En fait, tel qu'il fonctionne actuellement, le personnel
de l'enseignement primaire, sauf de rares exceptions,
n'exerce aucune influence sur le progrès agricole. Il
pourrait ne pas en être ainsi.

Les instituteurs dont les loisirs, dans l'année, atteignent jusqu'à 180 jours sur 365, pourraient fort bien être chargés d'organiser pour les adultes, des conférences, des expériences pratiques surtout, auxquelles se prêteraient volontiers de nombreux propriétaires, s'ils en étaient adroitement priés. Ce sont ces expériences fréquentes, appuyées d'une propagande *permanente* et familière qui pourraient, seules, faire sortir la masse des agriculteurs de la routine où ils se trouvent encore en trop grand nombre, en majorité même.

Il est certain que cette mission spéciale exigerait un grand esprit d'initiative et béaucoup de désintéressement ; mais la reconnaissance qu'attireraient au corps enseignant les services ainsi rendus, modestement et avec discrétion, serait un encouragement suffisant. D'heureux exemples dus à une initiative intelligente, ont déjà ouvert la voie à la réforme (1).

A côté de cet enseignement technique, des notions d'ordre économique devraient utilement concourir à donner aux agriculteurs adultes, un ensemble d'idées nettes et familières, fréquemment rappelées, qui, venant de personnes en qui ils ont confiance, finiraient par influencer heureusement leur manière de raisonner et d'opérer. C'est de la collaboration officieuse de ces personnes, qu'il faut attendre les résultats pratiques les plus utiles. Ces initiatives privées sont aujourd'hui puissamment aidées dans leurs tentatives de perfectionnement économique de l'industrie agricole, par l'Institut du « Musée social (2) » créé à Paris en 1894, par M. le comte de

----

(1) Création du journal *Après l'Ecole*, chez Armand Colin, donnant des sujets de conférences développés avec vues pour projections.

(2) Le Musée social a été reconnu établissement d'utilité publique par décrets des 31 août 1894 et 15 mai 1896.

Chambrun, gratifié par ce généreux philanthrope, d'une
dotation de deux millions et qui fournit gratuitement
toutes les indications et tous les conseils demandés en
vue de fondations utiles à l'agriculture.

II. — ORGANISATION DE LA PROTECTION DÉFENSIVE ET LA LIBRE CONCURRENCE.

Il est peu de questions qui aient autant divisé, non
seulement les économistes, mais aussi les populations, que
celle du choix d'un régime général d'échanges internationaux; on a même pris l'habitude, dans ces discussions, d'opposer l'agriculture comme une sorte de per-
sonnification du régime protectionniste à l'industrie manufacturière qui réclame, mais avec moins d'ensemble et
même quelques contradictions, un régime libéral.

On a cherché également à justifier chacune de ces
opinions par des considérations purement scientifiques,
oubliant qu'en économie politique, il y a peu ou point
d'absolu. Nous ne nous arrêterons point à l'étude histo-
rique et théorique de ces variations du régime des échanges, nous bornant à considérer leur influence sur la prospérité agricole, d'abord au point de vue général, puis
spécialement en ce qui concerne le bien-être des populations rurales françaises.

Il faut partir de ce principe que l'échange, le commerce, est une *lutte* où on ne doit entrer que bien armé;
il y a lutte entre l'agriculteur de la nation qui adopte
la liberté et *tous* les agriculteurs de *toutes* les nations
étrangères, de même qu'entre l'industriel indigène et tous

ses collègues du monde. Toute industrie trop faible dans un ordre quelconque, est infailliblement écrasée par ses rivales mieux armées. C'est la lutte universelle pour le bon marché, chacun abandonnant les industries onéreuses pour se consacrer à celle qui lui profite. Cette lutte, dit-on, est excellente ; elle élimine les facteurs insuffisants en opérant une sélection parmi les hommes et les organes commerciaux ; de plus, elle répond à un grand besoin auquel doit tendre toute œuvre humaine : la liberté. Ce n'est qu'en se maintenant à cette hauteur de vue que l'on peut approuver, à notre avis, ces principes théoriques ; mais en pratique (et l'économie politique doit viser avant tout à ce qui est utile, pratique et juste) ils rentrent encore, à l'heure actuelle, dans ce que nous avons appelé des « progrès en avance » ; quel idéal plus enviable que celui, par exemple, de la fraternité internationale : toute âme élevée ne peut qu'aspirer à voir se réaliser un pareil progrès. Et pourtant, s'il se réalisait subitement aujourd'hui, le monde ne perdrait-il pas à la disparition de ces sentiments nationaux, bornés, si l'on veut, mais qui inspirent tant de beaux sentiments dont l'ensemble forme le patriotisme ? Ce qui est vrai pour l'internationalisme philosophique en face du patriotisme, l'est aussi pour le libre échange intégral opposé à la protection.

Spécialement, pour l'industrie agricole, véritable fondement des pays de l'Europe, formée de 15 à 18 siècles de traditions suivies, de routine si l'on veut, peut-on envisager pour elle d'autre alternative, sous ce libre échange, que sa transformation en exploitations en grand qui nous conduiraient au développement du salariat dont les résultats sont si navrants, si inquiétants dans les autres industries, ou la ruine pure et simple réduisant le paysan à son seul champ d'entretien, en lui enlevant même la clientèle de la consommation nationale? Si rigoureuse que paraisse cette conclusion, elle ne semble pas être contredite par les faits. Les États-Unis qui forment un des principaux centres de concurrence à nos produits, non pas à l'extérieur, mais sur nos propres marchés, ont créé hier seulement, des exploitations qui n'ont rien de commun avec les procédés employés par la majorité de nos agriculteurs : il serait bien sévère d'en faire un reproche à ces derniers ; sont-ils en retard ? ou les Yankees sont-ils en avance dans un mouvement qui ne promet rien de bon pour tous ?

Une protection sérieuse (et non la prohibition) remédiera à tous ces inconvénients et ce sera juste, car l'étranger pourra difficilement s'étonner qu'on lui dise : vous pouvez vendre chez nous vos produits 100 fr. et nous 150 fr. seulement ; c'est que chez vous il y a 50 fr. de charges de moins ; ne vous plaignez pas, nous rétablissons l'équilibre.

On répond qu'une autre partie de la population, toute celle qui n'est pas rurale, perdra le bénéfice d'une baisse probable des prix de vente ; cet argument a été exagéré notamment pour le pain, car en moyenne, la hausse pour un ménage atteindra rarement 40 fr. par an et il faut voir, comme contrepartie, que la moitié de la population ne sera pas réduite à une situation si misérable qu'elle ne serait pas sans répercussion sur les autres classes de citoyens.

De plus, dit-on, si une nation ferme son marché aux industries étrangères au profit des siennes, elle se verra appliquer un régime de réciprocité qui lui nuira peut-être davantage que la libre concurrence. Si on prend l'argument à son principe, il est très contestable. Une nation indépendante, protectionniste depuis très longtemps, voit ses industries se fortifier sous cette tutelle permanente ; fortes de cette protection et assurées d'un bénéfice sur le marché intérieur, celles d'entre elles qui ont une supériorité due à « *la qualité* », se hasarderont à tenter de pénétrer quand même sur le marché étranger; le gouvernement de ces pays, que nous ne supposons pas prohibitionniste, leur appliquera bien un tarif égalitaire, mais la supériorité du produit aura raison de ce traitement. La faveur due à la qualité remplacera celle due au bon marché obtenu par une fabrication économique.

En un mot, tout en sauvegardant les intérêts d'une agriculture souffrante, ce régime est loin d'arrêter le développement *modéré* des industries manufacturières. Celles-ci sont favorisées, il est vrai, dans une plus large mesure, par le libre-échange, mais c'est au prix d'engorgements chroniques du marché, simultanés à la ruine des petites industries nationales non exportatrices et au développement extrême du salariat.

Le grand mouvement dans la voie du libre-échange date de 1848-1855, époque qui vit prendre un essor souvent exagéré aux principes abstraits et absolus comme l'égalité politique et la théorie des nationalités. Le résultat de cet état d'esprit et le désir du gouvernement impérial français d'être agréable à l'Angleterre, aboutirent à l'adoption du traité de 1860. A ce moment, après une période prospère de 10 années (1849-1859), l'industrie manufacturière française était prête à la lutte; mais on oublia que l'agriculture allait se trouver en concurrence avec des rivaux terribles de l'Amérique et des Indes, ou plutôt on ne pouvait s'en douter ; les pays du centre de l'Europe étaient en proie à des guerres continuelles, les États-Unis et l'Australie à peine organisés, les Indes en révolte. A ce moment, chacun des contractants mettait, en somme, aux prises, des industries égales en leur accordant un marché commun.

Tant que la lutte fut circonscrite au monde manufacturier, la baisse des prix était compensée par l'augmentation de la consommation ; il en résulta une prospérité d'autant plus grande que l'industrie agricole de chaque pays, restée en dehors de l'influence des traités de commerce, assurait alors à ces manufactures, une grande quantité de consommateurs aisés.

L'intervention de la concurrence américaine et indienne détruisit cet équilibre entre le bien-être industriel et le bien-être rural, et une impérieuse nécessité sociale rendit indispensables des mesures de sauvegarde, Deux résultats du libre-échange sur les populations agricoles s'étaient malheureusement développés :

1° L'introduction de cultures intensives imprudentes nécessitant des capitaux en rapport, non proportionnel, mais progressionnel avec le résultat obtenu ;

2° La naissance de besoins nouveaux, pendant une période de prospérité peut-être sans exemple en France.

Le danger de ce régime absolu n'a pas échappé aux nations européennes : l'Allemagne, l'Autriche-Hongrie ont rehaussé leurs tarifs et démontré que la protection modérée est loin d'arrêter les exportations, et que celles-ci étaient au contraire encouragées, la production étant toujours assurée d'une sorte de réserve de consommation dans le pays même. Les exportations allemandes s'élevant en 1878 à 3.600.000.000 fr. passèrent, sous le régime protectionniste, à 4 milliards en 1888, et cette marche ascendante, contrairement aux prévisions, est loin d'être arrêtée.

En France, malgré les pronostics des adversaires intéressés du régime adopté, les exportations tendent, depuis 1895, à se développer : l'année 1897 a été marquée par une augmentation de 476 millions dans la valeur de notre commerce extérieur ; reprise inférieure cependant à celle qui a lieu en Angleterre et surtout en Allemagne. La situation réciproque de ces deux pays est particulièrement instructive, et le jour ne paraît pas éloigné où l'Allemagne protectionniste aura raison, sur le marché international, de l'Angleterre libre-échangiste, exempte de charges militaires écrasantes et pourvue d'un organisme industriel perfectionné.

Mais cette protection, qui compense utilement la différence entre le coût de productiou national et celui de l'étranger, ne forme qu'une partie de la défense de ce marché national, car s'il lui est possible d'arrêter une baisse de prix provenant du fait *unique* de la concurrence, elle ne peut enrayer le mouvement *général* de baisse des prix dont nous avons tenté de tracer l'analyse, au chapitre I, 2ᵉ partie.

C'est ainsi, qu'en France, le tarif sur les blés étrangers fixé à 3 francs en 1885, à 5 francs en 1886, à 7 francs par 100 kilogs en 1894 n'a pas arrêté la baisse des prix et empêché l'hectolitre de blé de passer de 19 fr. 40 en 1885, à 13 fr. 10 en 1894. Dans des circonstances exceptionnelles, la hausse devenant alors subite, a été parfois reprochée au protectionnisme ; on répond qu'il faut d'abord dans ce cas, se méfier des décisions trop promptes, en tenant compte que les céréales sont presque l'*unique* ressource des cultivateurs, alors qu'elles sont loin d'être l'unique consommation et la plus importante dépense de celui qui paye...

De plus, la diminution de valeur acquisitive des monnaies, qui est une aggravation de la baisse des prix de vente, a pour conséquence de faire augmenter les salaires industriels; rien donc d'extraordinaire à ce qu'une partie des consommations suive une marche parallèle.

Mais, dans un sens comme dans l'autre, il ne faut pas perdre de vue que les lois sont faites dans l'intérêt des hommes et que les principes doivent subir des atténuations, quand la souffrance humaine atteint certains degrés

III. — LA PROTECTION RÉPARATRICE

Les mesures de ce genre ont pour but d'atténuer les conséquences des pertes matérielles qui ne peuvent être, évitées par l'initiative humaine, et dont la fréquence est, pour la production agricole, une des causes les plus redoutées d'augmentation du coût de la production.

Leur caractère général, dans la localité qu'elles frappent empêche le recours ordinaire à la pure assistance mutuelle, la meilleure de toutes, car elle crée des liens de reconnaissance et de fraternité entre les habitants d'une même contrée, mais impraticable dans ce cas, car chacun est également atteint. C'est donc à des organes ayant un champ de fonctionnement beaucoup plus vaste que le théâtre ordinaire de ces calamités, qu'il faut demander ce remède.

Un mouvement général tend à confier ce rôle à l'Etat sous forme de subventions à distribuer après chaque dommage, par gelée, grêle, inondations, trombes, cyclones, ouragans. L'énumération seule de ces faits, montre l'énormité des sacrifices qui seraient demandés au Budget.

D'autre part, la même multiplicité des risques s'oppose à ce qu'une société privée affronte. surtout à l'origine, le poids d'une pareille responsabilité, à moins d'exiger des primes extrêmement élevées.

L'évolution tend aujourd'hui à combiner ces deux modes de secours par la constitution de caisses d'assurances agricoles sur toute l'étendue du territoire, solidaires dans une certaine mesure les unes des autres, et qui auraient l'avantage de développer l'esprit de prévoyance en enlevant à tout autre qu'à un *assuré*, l'espoir d'une indemnité.

L'Etat, en consacrant exclusivement à ces caisses, à titre de primes de secours, les fonds considérables qui sont aujourd'hui répartis en fractions infinitésimales aux sinistrés imprévoyants, serait un aide puissant dans cette voie.

CHAPITRE II

CONCLUSION

Les facilités de communications, en donnant un nouvel
aspect à la vie de l'univers, ont contribué à remplacer les
rapports généraux entre provinces, par ceux entre nations ;
ces dernières sont en voie elles-mêmes de se voir substituer des unités plus vastes : les unions monétaires, pos-
tales, fiscales ; les alliances politiques sont un acheminement vers une centralisation effective des peuples. La
petite unité territoriale, économique et politique, qui
contenait en elle, tous les éléments de son existence, entre
dans la formation de nations plus importantes qui, par
suite de leur force attractive, attirent à elles tous les anciens éléments locaux, y opèrent une sorte de ventilation et ne laissent à chaque ancienne province que certaines spécialités souvent avantageuses, mais ne lui permettant plus de se suffire à elle-même.

Cette centralisation simultanée à une spécialisation
existe à tous les degrés de l'humanité moderne et nous
avons pu voir que le libre-échange y tendait aussi bien
que la protection.

Si on la suppose parvenue au but apparent, ou
concevable de sa course, quel spectacle nous présentera
cette évolution ? Ce sera la création d'un vaste organe,
commun à tout l'univers, où chaque ancienne nation,
suzeraine de l'organe central, aura la spécialité la plus
lucrative pour elle : l'Angleterre sa marine, l'Allemagne

ses forges, la France son agriculture, il faut l'espérer. Cette unification, qui paraît utopique, existe en fait, pour un certain groupe de ces phénomènes : les *intérêts*.

Certains intérêts industriels et commerciaux n'ont pas de patrie et n'en peuvent avoir ; ils réalisent déjà cette centralisation et, en même temps, cette spécialisation ; mais ils se heurtent continuellement à l'existence, à la vitalité des anciens organismes : les nations ; et ce sont ces frottements, ces « progrès en avance » dont nous avons vu le rôle à propos du bien-être des individus, qui aggravent et font naître même quelquefois les crises.

En dehors de la sphère des intérêts *collectifs* politiques et économiques, cette mobilisation, rendue si facile, de la richesse, se manifeste également dans les intérêts individuels.

Les individus entreprenants ont à leur disposition des organes qui leur permettent de mettre en mouvement des valeurs considérables avec une vitesse jadis inconcevable. Les gros intérêts étant ainsi centralisés en peu d'unités, la lutte engagée entre eux, est beaucoup plus dangereuse que la simple concurrence des anciens organes plus faibles, il est vrai, mais beaucoup plus nombreux, ce qui diminuait les risques de Kracks et leur portée sur l'ensemble de la société. Lancées dans cette voie, ces initiatives se trouvent en face de deux alternatives sans situation intermédiaire possible : ou la réalisation de gains hors de proportion avec le travail fourni, ou un écrasement irrémédiable. Une partie d'entre elles court volontairement des risques dont la prévision échappe à des intelligences humaines : elles jouent et se mettent hors la loi économique ; les autres font rationnellement leurs opérations, mais leur but est toujours de réaliser des bénéfices très grands, bien supérieurs à la rémunération normale d'un travail humain.

Cet état d'esprit a conduit au développement d'une foule d'industries créées sans tenir compte des débouchés qui seraient offerts aux produits fabriqués, avec la seule espérance de *détruire*, par de nouveaux procédés, l'œuvre d'un concurrent dont la production · suffisait jadis, mais dont la co-existence est impossible.

C'est cette *lutte*, aussi dangereuse pour le développement rationnel, économique et social d'un pays, qu'une guerre peut l'être pour l'existence de sa population, qui amène non pas les crises, mais *la Crise*, la grande crise qui ronge jusque dans ses fondements, la société moderne.

L'agriculture, longtemps indemne de cette tendance à la substitution de l'initiative centralisatrice des gros intérêts aux petites initiatives individuelles, quoique victime, sur certains points, du mouvement général, résiste encore et résistera sans doute victorieusement à l'invasion du régime industriel anonyme, simultané, et combien contradictoire, à l'éclosion du régime de la liberté.

Si l'agriculture souffre, en effet, ce n'est pas d'un vice propre à elle-même, tous les germes de cette lutte économique (qui n'a pas plus... ni moins de rapports avec la libre concurrence que la rixe à main armée n'en a avec la pure émulation), y sont réduits à leur plus simple expression : mais l'introduction du régime industriel est incompatible, au plus haut point, avec son bon fonctionnement et y produit des troubles graves.

Ce régime se manifeste, chez elle, sous trois formes:

1° La grande exploitation par le propriétaire;

2° L'exploitation anonyme ;

3° Le fermage,

ayant toutes en vue la production *en grand*.

Prétendre que c'est là le progrès, revient à dire qu'en activant, par tous les moyens, la production, on est certain d'obtenir un *heureux* résultat. Ce sera vrai si cette activité est demandée à des organes humains libres, indépendants et par des moyens conciliables avec cette liberté ; mais, non, si on ne se soucie que des *produits* sans se préoccuper des *hommes* relégués au second plan, et que l'on réduit à l'état d'outils : donner à la science économique la seule mission d'enseigner comment la production peut être développée, sans se préoccuper du sort de la liberté du plus grand nombre, liée étroitement à la dignité humaine, c'est lui enlever la plus belle partie de son rôle.

Il faut s'entendre, en effet, sur le sens du mot liberté ! On a dit que toute idée générale est formée d'une multitude de détails, de même la liberté est formée d'une foule de petites libertés, si on peut s'exprimer ainsi. L'ouvrier d'usine a la liberté civile, politique, mais au point de vue économique, quelle autre liberté a-t-il que celle de rompre avec un patron, le contrat de travail... pour s'engager chez un nouveau maître aussitôt après, maintenu ainsi jusqu'à la fin de ses jours dans un régime d'obéissance continue. Et cela est si vrai que son plus ardent désir, le but auquel il vise quand il met en œuvre cette liberté politique qu'on lui a laissée, c'est de parvenir à la conquête de ces « petites libertés de tous les jours », dont la privation est une de ces tortures qu'on ne peut justement apprécier que lorsqu'on les a endurées.

La seule erreur, mais immense, des ouvriers de manufactures, est de croire que cette conquête est compatible avec le maintien de la production en grand, sous sa forme actuelle. Reprenant une comparaison que nous avons faite dans une autre partie de cette étude, nous répéterons que la situation actuelle de l'ouvrier de manufacture, la situation qui attend l'ouvrier agricole si le mouvement commencé s'accentue davantage, est à la production en grand, ce que l'obéissance passive est à l'armée : l'une ne peut pas exister sans l'autre.

L'agriculture n'étant pas encore soumise totalement à ce régime, on doit donc tendre avant tout à l'en sauvegarder. Pour cela, il n'y a d'autre moyen que de conserver à l'unité familiale, la seule où l'obéissance soit de droit naturel, son outil, qui est la terre, et en même temps, la liberté et la possibilité de s'en servir. Les mots de *questions agraires, questions sociales* dont la solution amènerait la fin de la crise agricole, sont ou trop vagues ou vides de sens. La vraie question, c'est celle de la *propriété nécessaire et suffisante* qui peut seule faire connaître à l'ensemble d'une population, pénétrée des principes de l'harmonie générale, le bien-être normal.

Vu :
Le Président de la thèse,
EDOUARD JOURDAN.
12 mai 1898.

Vu :
Le Doyen,
A. PISON.

Vu et permis d'imprimer :
Le Recteur de l'Université d'Aix-Marseille.
BELIN.
13 mai 1898.

BIBLIOGRAPHIE

Roscher : Traité d'économie politique rurale. 1886.

Lecouteux : Cours d'économie rurale (1er volume), 1879.

Seignouret : Essai d'économie sociale et agricole, 1897.

Fournier de Flaix : Les forces productives de la France comparées 1789-1889 (n° de la *Nouvelle Revue* du 15 novembre 1889. p. 377 à 385 et s.

Discours de M. Glasson à l'Académie des sciences morales et politiques, 27 novembre 1897 (*J. O.*, 2 décembre 1897, p. 6742).

Documents parlementaires : Annexe n° 2870 du 3 décembre 1897 : projet Siegfried pour faciliter la constitution et le maintien de la petite propriété rurale.

Débats parlementaires : France : Interpellation sur la crise agricole J. O., séances des 19, 26 juin, 3, 10 juillet, 6, 13, 20 novembre 1897.

Valette : (n° 15 octobre 1889, de la *Nouvelle Revue*), la question agraire, p. 721, 746.

Léonce de la Bretonne : Les écoles socialistes contemporaines, 1888.

Blondel : Les populations rurales de l'Allemagne et la crise agraire 1897.

Le paysan et la question agraire en Angleterre (*Revue politique*, 26 août 1871.

Economie rurale du Portugal (*Revue scientifique*, 29 janvier 1876).

Sallustio : *La Sardegna* (mali et rimèdi) (Vita Internazionale, 20 avril 1898).

Eugène Davis : L'Irlande, 1886.

Guéchoff : Les associations agricoles en Bulgarie (n° de la *Nouvelle Revue* du 15 mai 1890).

Fournier : La question agraire en Irlande, 1882.

Ministère de l'agriculture d'Italie : « *Annali di agricoltura* ».

Emile VENDERVELDE : La question agraire en Belgique, 1897.

GUIRAUD : La propriété foncière en Grèce jusqu'à la conquête romaine, 1893.

Documents parlementaires : Annexe n° 3,134 : Rapport sur la proposition ROSE : Marchés à livrer sur denrées agricoles, 21 mars 1898·

Documents parlementaires : n° 2789, 9 novembre 1897 : Encouragement à la culture du lin.

Chambre des députés : séance du 23 octobre 1897 sur la question du pain.

Vita Internazionale, 5 février 1898 : la questione del pane. Arnaldo AGNELLI.

Georges WULFF : *Nouvelle Revue*, n° 15 mai 1887, p. 318-336 : le Mouvement économique et social.

CESARE LOMBROSO : *Vita Internazionale* : 20 mars 1898 : I, phénomèni regressivi dell' evoluzione :

Vita Internazionale : 5 mai 1898. La nozione scientifica nel decentramento amministrativo.

Vita Internazionale : 5 janvier 1898 : la crisi della famiglia : Alfredo PANZINI.

Documents parlementaires : n° 2919-20 décembre 1897 : Rapport sur l'Institution de caisses régionales du crédit agricole.

Documents parlementaires : Annexe n° 2751, 28 octobre 1897 : Rapport Martinon, de la Creuse, sur la création de greniers agricoles.

Documents parlementaires : n° 2, 22 octobre 1897 : Prorogation du privilège de la Banque de France, p. 566.

Documents parlementaires : n° 3109, 9 mars 1898. Rapport sur la création de caisses régionales de crédit agricole.

FOURNIER DE FLAIX : De l'organisation du crédit chez les différents peuples, 1888.

Rapport de M. E. PETIT sur les cours d'adultes et les conférences, *J. O.* 28 juillet 1897, page 4340.

Discours de M. PLISSONNIER sur l'Instruction agricole, *J. O.* 16 février 1898, page 699, col. 3.

Rapport du gouverneur de Madagascar, *J. O.* 25 octobre 1897, p. 2964-69.

Rapport du Résident général à Tunis, *J. O.* 10 décembre 1895, p. 1245 et suiv.

J. O. Annexe 1257, 3 mars 1891. Rapport de M. MÉLINE sur l'établissement du tarif général des douanes.

Séance de la Chambre des députés : France ; 21 février 1898. Discours Mougeot sur les secours gratuits à l'agriculture.

Séances de la Chambre des députés : France : 5, 8, 19, 20 juillet 1897. Discussion sur la remise partielle de l'impôt foncier des propriétés non-bâties.

Séance de la Chambre des députés, 17 février 1898. Discours Decker David sur l'Enseignement agricole.

Congrès international d'agriculture. Paris, 1889.

Rapport de la 1re section : Crise agricole. Lahure, éditeur.

TABLE DES MATIÈRES

Châteauroux. — Typographie et Lithographie P. LANGLOIS et Cie

9 782013 379946